环境设计透视与表现

——室内篇

王 洋 / 编著

山东人民出版社·济南

国家一级出版社 全国百佳图书出版单位

图书在版编目（CIP）数据

环境设计透视与表现.室内篇／王洋编著．--济南：山东
人民出版社，2018.10
ISBN 978-7-209-11379-3

Ⅰ．①环… Ⅱ．①王… Ⅲ．①室内装饰设计－环境设
计－高等学校－教材 Ⅳ．①TU-856②TU238

中国版本图书馆CIP数据核字(2018)第052413号

环境设计透视与表现——室内篇

王　洋　编著

主管部门　山东出版传媒股份有限公司
出版发行　山东人民出版社
出 版 人　胡长青
社　　址　济南市英雄山路165号
邮　　编　250002
电　　话　总编室（0531）82098914
　　　　　市场部（0531）82098965
网　　址　http://www.sd-book.com.cn
印　　装　青岛国彩印刷有限公司
经　　销　新华书店

规　　格　16开（184mm×260mm）
印　　张　8.75
字　　数　150千字
版　　次　2018年10月第1版
印　　次　2018年10月第1次
ISBN 978-7-209-11379-3
定　　价　28.00元
　　　　　如有印装质量问题，请与出版社总编室联系调换。

本书编委会

主　任　王　洋（烟台南山学院）

副主任　姜德峰（南山建筑设计院）

　　　　王丽娟（烟台南山学院）

　　　　纪晓静（烟台南山学院）

　　　　樊　迪（烟台南山学院）

　　　　董宇轩（烟台南山学院）

总　序

一、应用型高校转型呼唤应用型教材

教学与生产脱节，很多教材内容严重滞后于现实，所学难以致用，这是我们在进行毕业生跟踪调查时经常听到的对高校教学现状提出的批评意见。这种脱节和滞后，导致很多毕业生及其就业单位不得不花费大量时间"补课"，既给刚踏上社会的学生无端增加了很大压力，又给就业单位白白增添了额外培训成本。难怪学生抱怨"专业不对口，学非所用"，企业讥讽"学生质量低，人才难寻"。

2010年颁布的《国家中长期教育改革和发展规划纲要（2010—2020年）》指出，要加大教学投入，重点扩大应用型、复合型、技能型人才培养规模。2014年，《国务院关于加快发展现代职业教育的决定》进一步指出，要引导一批普通本科学校向应用技术型学校转型，重点兴办本科职业教育，培养应用型、技术技能型人才。这表明国家已发现并开始着手解决高等教育供给侧结构不合理的问题。

2014年3月，在中国发展高层论坛上，有关领导披露，教育部拟推动600多所地方本科高校向应用技术型、职业教育型转变。这意味着，未来几年，我国将有50%以上的本科高校（2014年全国本科高校共1202所）面临转型，更多地承担应用型人才特别是生产、管理、服务一线急需的应用技术型人才的培养任务。应用型人才培养作为高等教育人才培养体系的重要组成部分，已经被提上国家重要的议事日程。

"兵马未动，粮草先行"，向应用型高校转型，要求加快应用型教材建设。教材是引导学生从未知进入已知的一条便捷途径。一部好的教材既是取得良好教学效果的关键因素，又是优质教育资源的重要组成部分。它在很大程度上决定着学生在某一领域发展起点的高低。在高等教育逐步从"精英"到"大众"再到"普及"的发展过程中，加快教材建设，使之与人才培养目标和模式相适应，与社会需求和时代发展相适应，已成为广大应用型高校面临且亟待解决的问题。

烟台南山学院作为中国制造业百强企业——南山集团投资兴办的民办高校，与生俱来就是一所应用型高校。2005年升本以来，我校依托大企业集团，围绕地方性、应用型的办学定位，坚持立足胶东，着眼山东，面向全国；坚持以工为主，工、管、经、文、艺协调发展；坚持校企一体化、产教融合，培养高素质应用型人才。目前，我校已初步形成校企一体、协同育人的应用型办学特色。为进一步提高应用型人才培养质量，今年学校推出的以"应用型教材"为主的"百部学术著作建设工程"，是我校升本十余年来教学改革经验的初步总结和科研成果的集中展示。

二、应用型教材研编原则

应用型本科作为一种本科层次的人才培养类型，目前的教材使用大致有两种情况：一是借用传统本科教材。实践证明，这种借用很不适宜。因为传统的本科教材内容相对较多，教材既深且厚。更突出的问题是其与实践结合较少，很多内容理论与实践脱节。二是沿用高职教材。高职与应用型本科的人才培养方式接近，但它们的培养层次毕竟不同，在专业培养目标、课程设置、学时安排、教学方式等方面均存在很大差别。高职教材虽然也注重理论的实践应用，但"小材难以大用"，用高职教材支撑本科人才培养，实属"力不从心"，尽管它可能十分优秀。换句话说，应用型本科教材贵在"应用"二字。它既不能是传统本科教材加贴一个应用标签，也不能是高职教材的理论强化，而应有其相对独立的知识体系和技术技能体系。

基于这种认识，我认为研编应用型本科教材应遵循三个原则：一是实用性原则。理论适度、内容实用应是应用型本科教材的基本特征。学生通过教材能够了解本行业当前主流的生产技术、设备、工艺流程及科学管理状况，掌握企业生产经营活动中与本专业相关的基本知识和专业知识、基本技能和专业技能，以最大限度地缩短毕业生知识、能力与企业现实需要之间的差距。烟台南山学院的《应用型本科专业技能标准》就是根据企业对本科毕业生专业岗位的技能要求研究编制的一个基本教学文件，它为应用型本科有关专业进行课程体系设计和应用型教材建设提供了一个参考依据。二是动态性原则。当今社会科技发展迅猛，新产品、新设备、新技术、新工艺层出不穷。所谓动态性，就是要求应用型教材与时俱进，反映时代要求，具有时代特征。在内容上，应尽可能将那些经过实践检验成熟或比较成熟的技术、装备等发明创新成果编入教材，实现教材与生产的有效对接。这是克服传统教材严重滞后于生产、理论与实践脱节、学不致用等教学弊端的重要举措，尽管某些基础知识、理念或技术工艺短期内不会发生突变。三是个性化原则。教材应尽可能适应不同学生的个体需求，至少能够满足不同群体学生的学习需要。不同的学生或学生群体之间存在的学习差异，显著地表现在对不同知识理解和技能掌握并熟练运用的快慢及深浅上。根据个性化原则，可以考虑在教材内容及其结构编排上既有所有学生都要求掌握的基本理论、方法、技能等"普适性"内容，又有满足不同学生或学生群体不同学习要求的"区别性"内容。本人认为，以上原则是研编应用型本科教材的特征使然，如果能够长期坚持，则有望逐渐形成区别于研究型人才培养的应用型教材体系和特色。

三、应用型教材研编路径

1.明确教材使用对象

任何教材都有自己特定的服务对象。应用型本科教材不可能满足各类不同高校的教学需求，它主要是为我国新建的包括民办高校在内的本科院校及应用技术类专业服务的。这是因为，近10多年来我国新建了600多所本科院校（其中民办本科院校420所，2014年数据）。这些本科院校大多以地方经济社会发展为其服务定位，以应用技术型人才为其培养模式定位，其学生毕业后大部分选择企业单位就业。基于社会分工及企业性质，这些单位对毕业生的实践应用、技能操作等能力的要求普遍较高，而不苛求毕业生的理论研究能力。因此，作为人才培养的必备条件，高质量的应用型本科教材已经成为新建本科院校及应用技术类专业培养合格人才的迫切需要。

2.认真遴选教材作者

突出理论联系实际，特别注重实践应用是应用型本科教材的基本特征。为确保教材质量，严格遴选研编人员十分重要。其基本要求：一是作者应具有比较丰富的社会阅历和企业实际工作经历或实践经验，这是对研编人员的阅历要求。二是主编和副主编应选择那些长期活跃在教学一线、对应用型人才培养模式有深入研究且能将其运用于教学实践的教授、副教授或高级工程技术人员，这是对研编团队的教学实践要求。主编是教材研编团队的灵魂，选择主编应特别注意考察其理论与实践结合的能力。三是研编团队应高度认可应用型人才培养模式改革并具有从事应用型教材编写的责任感和积极性，这是写作态度要求。四是在满足以上条件的基础上，作者应有较高的学术水平和教材编写经验，这是学术水平要求。显然，学术水平高、编写经验丰富的研编团队，不仅能够保证教材质量，而且对教材出版后的市场推广也会产生有利的影响。

3.强化教材内容设计

应用型教材服务于应用型人才培养模式的改革。应以改革精神和务实态度，认真研究课程要求，科学设计教材内容，合理编排教材结构。其要点包括：

（1）缩减理论篇幅，明晰知识结构。应用型教材编写应摒弃传统研究型或理论型人才培养模式下重理论、轻实践的做法，克服理论篇幅越编越长、教材越编越厚、应用越来越少的弊端。一是基本理论应坚持以必要、够用、适用为原则，在满足本课程知识连贯性和专业应用需要的前提下，精简推导过程，删除过时内容，缩减理论篇幅；二是知识体系及其应用结构应清晰明了、符合逻辑，立足于让学生了解"是什么"和"怎么做"；三是文字应简洁，不拖泥带水，内容编排要留有余地，为实践教学和学生自主学习留出必要的空间。

（2）坚持能力本位，突出技能应用。应用型教材是强调实践的教材。没有"实践"、不能让学生"动起来"的教材，很难取得良好的教学效果。因此，教材既要关注并反映职业技术发展的现状，以行业、企业岗位或岗位群需要的技术和能力为培养重点，又要适应未来一段时期技术推广和职业发展的要求。在方式上，应坚持能力本位，突出技能应用，突出就业导向；在内容上，应关注不同产业的前沿技术、重要技术标准及其相关的学科专业知识，把技术技能标准、方法程序等实践应用作为重要内容纳入教材体系，贯穿于课程教学过程，从而推动教材改革；在结构上，形成区别于理论与实践分离的传统教材模式，培养学生从事与所学专业紧密相关的技术开发、管理、服务等工作所必需的意识和能力。

（3）精心选编案例，推进案例教学。什么是案例？案例是真实典型且含有问题的事件。该定义有以下几方面的含义：第一，案例是事件。案例是对教学过程中一个实际情境的故事描述，讲述的是这个教学故事产生、发展的过程。第二，案例是含有问题的事件。事件只是案例的基本构成，并非所有的事件都可以成为案例。能够成为教学案例的事件，必须包含问题或疑难情境，并且可能包含解决问题的方法。第三，案例是典型且真实的事件。案例必须具有典型意义，能给读者带来一定的启发。案例是故事但又不完全是故事，两者的主要区别在于故事可以杜撰，而案例是教学事件的真实再现。

案例之所以能够成为应用型教材的重要组成部分，是因为案例教学是对学生进行有针对性的说服教育、启发思考的有效方法。研编应用型教材，作者应根据课程性质、内容和要求，精心选择并按一定书写格式或标准样式编写案例，特别要重视选择那些贴近学生生活、便于学生调研的案例，然后根据教学进度和学生的理解能力，研究在哪些章节、以多大篇幅安排和使用案例，为案例教学更好地适应案例情景提供更多的方便。

最后需要说明的是，应用型本科作为一种新的人才培养类型出现时间不长，对其进行系统研究尚需时日，相应的教材建设更是一项复杂的工程。事实上，从教材选题申报到编写、试用、评价、修订，再到出版发行，需要3～5年甚至更长的时间。因此，时至今日，完全意义上的应用型本科教材并不多。烟台南山学院在开展学术年、学科年活动期间，组织研编出版的这套教材，既是本校对近10年来推行校企一体、协同育人教育教学成果的总结和展示，也是对应用型教材建设的一个积极尝试，其中肯定还存在一些问题，我们期待在试用并取得反馈意见的基础上进一步改进和完善。

烟台南山学院院长

2017年于龙口

对绘画与设计而言，灵活运用透视法可以更好地创造出丰富多样的视觉效果，彰显其独特的艺术魅力。在绘画创作与设计的过程中，只有充分发挥所掌握的透视技能，才能巧妙地进行设计构思和构图，更好地突出创意或设计的主题。透视学是研究在二维空间再现现实中的真实场景和物体形态的一门与实践紧密结合的学科，是对物体三维空间感、立体感的绘画方法和与此相关的科学理论的总结。透视法作为设计类专业必修的基础技法，是每位设计专业学生必须掌握和熟练运用的。

《环境设计透视与表现——室内篇》属于应用型教材，全书各章节根据专业培养技能要求、课程重难点、实验实训目标和课程授课学时设置，在讲述基础知识的同时，用大量案例练习、作业评析进行专业指导与实践训练，内容由浅入深、循序渐进，具有较强的实践指导性与可操作性。教材的内容设置打破了以往的惯例，在内容构架上更加注重理论与实践的融合，并且全书内容重难点清晰明了，便于学生理解、熟练掌握和课下学习，可以有效提高教学质量。

本书在编写过程中得到了山东人民出版社的大力支持，同时也得到了烟台南山学院人文学院院长白世俊教授、副院长张平青教授的大力支持。要特别感谢参与本书例图供稿与文字整理工作的老师、学生。编写老师有王丽娟、董宇轩、樊迪、纪晓静等；参编学生有黄彬彬、王晓蕾、孙浩、隋永壮、张倩语、赵凯丽、刘玉凤、裴中兰、南希、常静、冯家荣、谢杰、王奇尧、杨麒、李田雨、贾卓琦、曹万里、裴思雅、申荣伟、李玉田、王琳、程新超、王蓉蓉、李瑞泽、姜晶醒等。对他们的友情支持与帮助，我们深表谢意。

　　本书在编写过程中，参考了国内外的大量相关资料，参考文献中已注明，如有遗漏，敬请谅解。编写《环境设计透视与表现——室内篇》，绘制与文字内容相匹配的例图至关重要。本书通过配图强调和展示透视规律绘制的路径与特点，并且博取众家之长，学生可以对室内环境空间的多种透视、多种形式有更加宽泛的了解与掌握，这无疑有助于学生个性的发挥。由于书稿写作较为仓促，加之编者水平有限，书中难免存在一些纰漏和不足，恳请广大同行、专家和读者批评指正。

编　者

2018年9月

CONTENTS **目 录**

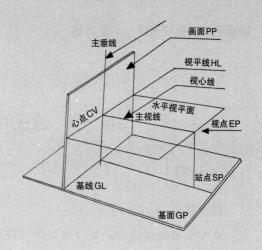

画面PP
主垂线
视平线HL
视心线
水平视平面
主视线
心点CV
视点EP
站点SP
基线GL
基面GP

第一章 透视概述

教学引导

■ 教学重点

　　本章从专业技能的认知出发，重点讲述透视的定义与研究范围、常用术语与基本原理，旨在通过透视概述内容的讲述，使学生能够从专业设计的实际出发，深入认识、了解和掌握透视相关概念与原理。

■ 教学安排

　　总学时：2学时。理论讲授：2学时。

■ 作业任务

　　1.根据所学内容对透视相关资料进行搜集与调研；

　　2.拓展练习（室内透视作品欣赏与透视原理分析）。

第一节 透视的定义与研究范围

｜教学引导｜

教学重点

本节主要讲述透视的定义及其研究范围，旨在通过对透视定义、广义与狭义透视学的讲述，加强学生对透视与透视学的认识与了解，使学生熟练掌握两者之间的异同；通过对透视研究范围的讲解，使学生了解透视的研究范畴以及应用领域。

教学安排

总学时：1学时。理论讲授：1学时。

作业任务

根据授课内容进行透视相关材料的调研，并对调研内容进行分析总结。

一、透视的定义

1.透视

"透视"（perspective）一词源于拉丁语"perspclre"（看透），意为"透而视之"。不难看出，"透"与"视"被紧密地结合在一起，"透"为"视"的先决条件，"视"为"透"的实际目的。"透视"在《现代汉语词典》中的定义为"用线条或色彩在平面上表现立体空间的方法"。所谓透视，是指透过透明的平面观察事物，从而在二维平面上研究三维物体的造型表现。

我们所讲的透视，通常是指人们通过一个透明的平面来观察客观物体，把观察到的视觉印象描绘到该平面上，这样得到的平面图叫透视图，简称透视。（如图1-1-1）

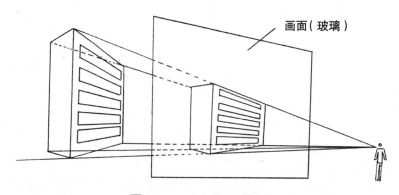

▶ 图1-1-1 透视图的形成/王丽娟 绘

2.透视学

透视学就是研究在平面上把我们看到的物象投影成形的原理和法则的学科，是一门研究在平面上立体造型的规律的学科。它在生活中用途非常广泛，只要眼睛与物体之间发生关系，就会多多少少地用到透视学的原理。而其中最频繁使用的就是以二维平面表现或说明三维物象，将三维物象二维化最常见的例子就是绘画写生。将透视学细分，可以分为广义透视学与狭义透视学。（如图1-1-2）

▶ 图1-1-2　透视写生示意图／王丽娟　绘

（1）广义透视学

广义透视学是指各种空间表现的方法；广义透视学方法在距今3万年前已出现，在线性透视出现之前，有多种透视法。

①纵透视法。将平面上离视者远的物体画在离视者近的物体上面，在我国古代构图法中称高远法，最典型的就是我国的岩画和西班牙的洞窟壁画。当时人们通过上下错位的手法把距离的远近关系表现出来。（如图1-1-3）

▶ 图1-1-3　狩猎图／西班牙

②斜透视法。离视者远的物体，沿斜轴线向上延伸。（如图1-1-4）

▷ 图1-1-4　金门相会/［意］乔托　绘

③重叠法。前景物体在后景物体之上，例如古埃及的一些壁画就往往运用此方法。（如图1-1-5）

▷ 图1-1-5　那克脱墓宴会图（局部）/古埃及

④近大远小法。将远处的物体画得比近处的同等物体小。

⑤近缩法。在表现体量大的物体时，人们为了避免近部正常透视太大而遮挡远部，有意缩小近部，以求得完整的画面效果。佛寺中，佛像雕塑往上逐渐膨大，在仰视时可避免因过度的近大远小而使佛像失去尊严，从而取得较好的视觉效果，这实际上就是运用了近缩法，如云冈石窟和龙门石窟中的佛像。（如图1-1-6）

▶ 图1-1-6　山西云冈石窟佛像/百度图片

⑥色彩透视法。因空气阻隔，同颜色物体距离近则鲜明，距离远则色彩灰淡。

⑦空气透视法。物体距离越远，形象越模糊；或一定距离外物体偏蓝，越远偏色越重。空气透视法也可归于色彩透视法。

（2）狭义透视学

狭义透视学特指14世纪逐步确立的描绘物体、再现空间的线性透视和其他科学透视的方法。狭义透视学（即线性透视学）方法是文艺复兴时代的产物，主要是指合乎科学规则地再现物体的实际空间位置。这种系统总结研究物体形状变化规律的方法，是线性透视的基础。

瞳孔由睫状神经调节控制，可以根据光线的强弱和所视物体的远近来调节进光量。当人们注视近距离的物象和光线强的物象时，瞳孔缩小，反之则放大。两只眼睛在同时观察一个物体同一部位的时候，两条视线相交于注视点，这时的物体形象同时落在两眼视网膜的对应点上，然后由视神经进行视交叉传入大脑，在大脑中形成一个立体的图像，这就是双眼单视成像。

如何将三维空间的立体景物转化到二维空间的画面中，是狭义透视学要研究解决的问题。狭义透视学是一门学科，它要求用严密的几何学、物理学知识来准确、清晰、透彻地推理出物体的空间位置关系，按照由点到线、由线到面、由面到体的逻辑顺序，完成自然景物向画面图像的转化。

二、透视的研究范围

透视是研究眼睛成像功能和绘图方法等知识的学科。

物体的三个属性是形状、色彩和体积，它因距离远近不同而呈现出的透视现象主要是缩小、变色和模糊消失。与此相应，透视研究也包括三个主题：第一个主题为缩形透视，主要研究物体在不同视觉距离上发生远近位置变化的原因，即物体的上、下、左、右、前、后在不同距离时形状发生变化的原因。我们通常将其称为线性透视研究，这是透视研究的重要组成部分。第二个主题是探讨物体距离眼睛远近不同时颜色改变的方法，即所谓色彩透视或空气透视的变化现象。物体的颜色随着距离眼睛的远近而变化，在自然界中比大气色彩重的物体颜色越远越显得淡；比大气色彩亮的物体颜色越远越显得暗；大气层越低越厚，越高越稀，所以我们会感觉到远山顶部色彩重而底部色彩淡。在白色背景上，暗的物体会显得小一些；在暗的背景上，白色物体会显得大一些。第三个主题是阐明物体的体积、形状为何越远越模糊，即达·芬奇所说的隐形透视。例如处在同样的距离，物体越小，映入人眼的视角（夹角）就越小；视角越小，物体的形状、体积就越模糊，越不容易被感知。所以在空间中的物体越远，其形状、体积就越不容易被感知。

三、透视原理的运用

研究透视原理，实际就是对具象的物体运用透视法则，在一个二维的平面上实现立体造型的描绘，从而表现出三维的空间效果，这是设计者逐步实现从感性认知向理性思维转换的过程，也是透视原理的意义所在。在造型艺术中，只要有空间图形，便有透视存在。透视原理是艺术家对视觉空间不断探究的结晶，已经成为画家真实描绘自然世界的准绳。透视学与解剖学是绘画艺术的两大支柱，它们对纯绘画和实用工艺美术设计都很重要，特别是对造型艺术设计者来说，在透视学理论的指导下，自己设计的作品能让人获得如见其物、如临其境的高度真实感。

运用透视原理表现的三维空间设计图所传达的内容十分丰富，如透视可以运用到绘画、建筑设计、雕塑、环境艺术、工业设计、广告设计、多媒体创造等诸多领域。（如图1-1-7、1-1-8、1-1-9）它将几何科学融入艺术创作，这样得到的创作成果是具有价值的。与此同时，人们的观察力、理解力、造型能力和表现力也会得到极大的提高。

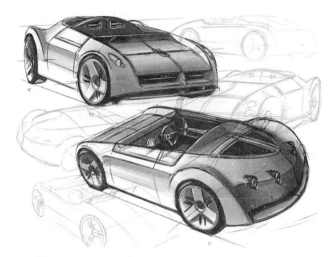

▶ 图1-1-7 汽车设计手绘图/中国手绘同盟论坛网

▶ 图1-1-8 中央电视台总部大楼/昵图网

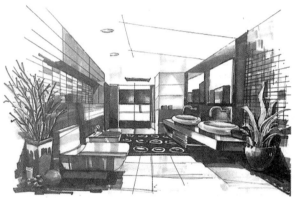

▶ 图1-1-9 室内卧室手绘效果图/黄彬彬 绘

第二节 透视成因及分类

|教学引导|

教学重点

本节主要讲述透视常用术语、类别及透视基本原理，旨在通过讲解使学生了解透视的相关名词术语和透视形式类别，掌握透视形成原理及画法，将所学理论知识应用于实践。

教学安排

总学时：1学时。理论讲授：1学时。

作业任务

1.对透视的常用术语及简写成因图进行临摹，以此加深对透视成因的理解；

2.对初步涉及的一点透视、两点透视、三点透视成因进行基本区分及了解，并自行搜集一点、两点、三点透视图进行成因规律总结分析。

一、透视要素

视点（眼睛）、画面、物体被称为透视的三要素，三者缺一不可。

视点即眼睛，作为透视的主体，是眼睛观察物体构成透视的主观条件；

物体作为透视的客体，是构成透视图形状的客观依据；

画面作为透视的媒介，是透视图形的载体。

如图1-2-1所示，一个人正在写生，那么他画出来的形状应该是图1-2-2呢，还是图1-2-3呢？在这里可以说两者都是对的，关键是看视点和物体都不变的情况下，画面怎么处理。图1-2-2是把画面处理成垂直状画的，如图1-2-1中的甲画面；而图1-2-3是把画面处理成倾斜状画的，如图1-2-1中的乙画面。假如有两个以上的物体，一定要注意一幅画固定一个视点方向。所以学习透视也好，作透视图也好，脱离了画面有很多问题就无法解决。对象，即我们要画的物体是客观存在的，视点也是客观存在的，而画面却是假设的，我们在写生中一定要把假设的画面上的投影转移到我们的画纸上来。因此，学习透视一定要牢记这三个要素的相互关系，因为在视平线以下的物体，可以处理成俯视，也可以处理成平视，只要平视时这个物体在视域范围内就可以，但画出来的画面是不一样的。

图1-2-1　石膏写生／王丽娟　绘

▶ 图1-2-2 石膏体绘制（1）/王晓蕾 绘

▶ 图1-2-3 石膏体绘制（2）/王晓蕾 绘

二、透视名词术语

为了研究透视的规律和法则，人们拟定了一定的条件和术语。这些术语表示一定的概念，在研究透视学的过程中会经常遇到，所以学习透视之初，我们首先要了解这些名词术语。（如图1-2-4）

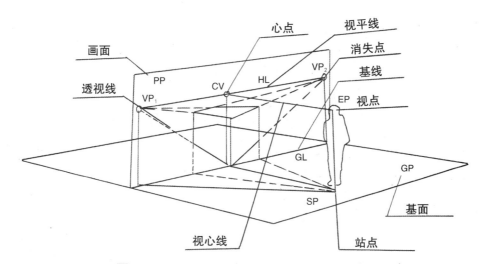

▶ 图1-2-4 透视术语及简写示意图（1）/王晓蕾 绘

（1）基面（GP）：通常是指物体放置的平面，户外多指观察者所站立的地平面。

（2）景物：描绘对象。

（3）视点（EP）：观察者眼睛所在的地点与位置。

（4）停点（SP）：观察者在地面上的位置点，但并非画画者立足的地方。

（5）视高（H）：视点到基面（地面）的垂直距离，即视点到站点的距离。

（6）画面（PP）：作画时假设竖在物体前面的透明平面，是构成透视图形必备的条件。

（7）基线（GL）：画面与基面的交线。

（8）画面线（PL）：画面在基面上的正投影。（如图1-2-5）

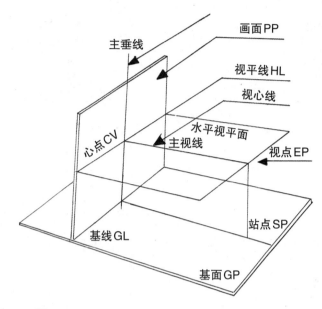

图1-2-5　透视术语及简写示意图（2）/王丽娟　绘

（9）视线（SL）：从物体上反射到眼底的光线，也就是景物各点连接观察者眼睛（视点）之间的想象直线。中视线为特殊视线。

（10）视锥：汇聚在眼睛瞳孔内的无数视线所形成的圆锥体。

（11）视域（VT）：固定注视方向时所能见到的空间范围。绘画上通常采用60°以内的视域作画，60°视角左右的视域叫舒适视域。（如图1-2-6）

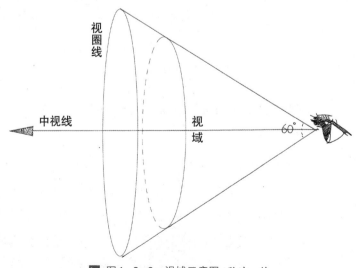

图1-2-6　视域示意图/孙浩　绘

（12）视角（SA）：两条边缘视线间的夹角。一般遵循视角不大于60°的原则，视角过大会导致透视图产生不正常变形。

（13）正常视域：视角在60°范围内，才能把景物看得最清楚。（如图1-2-7）

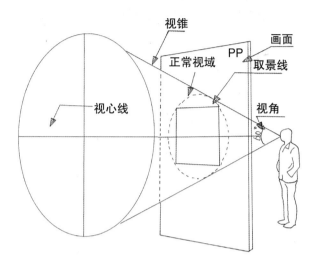

图1-2-7　视角与正常视域/孙浩　绘

（14）透视图：连接视线与画面的各交点而成的图形。

（15）基透视：空间物体在基面上的正投影的透视。

（16）近空间、远空间：以无限大的画面为界，将空间划分为二，包含视点的空间就叫近空间，没有视点的空间叫远空间。

（17）近基面、远基面：以基线为界，在近空间的基面叫近基面，在远空间的基面叫远基面。

（18）视心线：视点引向画面的垂线（视点与心点的连线，此线长为视距）。

（19）心点（CV）：中视线与画面的交点，又称主点、视心，每幅图上必须要有一个心点。由于心点使用较频繁，所以在制图时常用单一字母P来表示，一点透视以此为灭点。

（20）主视线：从视点向正前方延伸的水平视线。

（21）主垂线：通过心点且与视平线垂直的直线。

（22）物距：视点到描绘景物的垂直距离，也是视点到心点这段视心线的长度。

（23）视距（VD）：视点到画面的垂直距离，也就是视点到心点这段视心线的长度。

（24）灭点（VP）：又称消失点，与画面不平行的线段（相互平行，如铁轨）逐渐向远方消失的一个点（包括心点、距点、余点、天点、地点）。

（25）距点（D）：画面上以心点为圆心、以视距为半径画圆，圆上的任意一点都可以称为距点。视平线上的距点是与画面成45°夹角的变线的消失点。

（26）天点（AH）：地平线以上的灭点。

（27）地点（BH）：地平线以下的灭点。

（28）余点（R）：在成角透视中，视平线上除距点和心点之外的灭点都叫余点。其中，心点与距点之间的消失点用"R内"表示，它是与画面成45°到90°夹角的变线的消失点；距点以外的灭点用"R外"表示，它是与画面成0°到45°夹角的变线的消失点。

（29）量点（M）：投影在视平线上的点。

（30）视平线（HL）：画面上等于视点高度的水平线，或者说是通过心点所引起的水平线。

视心线（视距）、视平线、基线为画面上的基本三线，也是作透视图的主要三线。

三、透视规律

1."近大远小、近长远短"

"近大远小、近长远短"是透视的基本规律，只要是具备正常视力的人，都会有这个感觉。这个规律的完整意思是：一组同形态、同长度、同宽度、同深度的线段，距离"画面"近者，看起来感觉就大，距离"画面"远者，看起来感觉就小。

"近大远小、近长远短"视觉现象的形成，以眼睛看待物体时在视网膜上成像的光学原理为依据，它是不以人的主观意志为转移的。在透视学的研究中，比较物体距离的远近，是以物体与"画面"的垂直距离为标准，而不是以物体与观察点的直接距离为标准。（如图1-2-8）

▶ 图1-2-8　近大远小示意图／王丽娟　绘

2.平行直线会聚、相交

现实中相互平行的直线是
永不会相交的，但是在视觉透
视现象中，这些平行的直线会
随着距离的增加而渐渐地收敛、
靠拢；在我们眼睛看来极长的
平行直线，在我们看不到它们
的时候会相交于一点。例如在
现实生活中，原本平行的直线
形体（如透视中的街道、楼房、
铁轨等）由于空间距离越来越
远而变得不平行，在到达视平
线时，这些平行线便相交于一

▶ 图1-2-9 平行直线会聚、相交实景图/昵图网

个点。从透视图中还可以看到垂直线的透视变化：原来高度相等的物体，在透视中会
变得不等高，越远越短；原来间距相等的物体，如楼房中的窗户、墙垛、铁轨下的枕
木等，在视觉透视中会变得不相等，其间距越远，则物体越小、越密。在一些工业造
型产品中，虽然相互平行的直线线段与街道、铁轨相比是非常短的，但在透视作图时，
也假设它们是极长的直线，在远处会相交于一点。（如图1-2-9）

四、透视的形式类别

当视点、画面和物体的相对位置不同时，物体的透视形象呈现出不同的形状，从
而产生了各种形式的透视图。这些形式不同的透视图，不论是使用情况还是采用的作
图方法，都不尽相同。习惯上，可按透视图上灭点的多少来分类和命名，也可根据视
点、画面和物体之间的空间关系来分类和命名。不管怎么样分类和命名，透视图基本
都可分为以下三类。

1.一点透视

任何物体都具有长、宽、高三组重要的棱线和由棱线组成的各个平面。只要离画
面最近的一个面与画面平行，与画面垂直的一组平行线必然只有一个主向灭点，在这
种状态下形成的透视称为平行透视，也叫一点透视。平行透视表现范围广，纵深感强，
适合表现庄重、严肃的室内空间，缺点是比较呆板，与真实效果有一定差距。（如图
1-2-10）

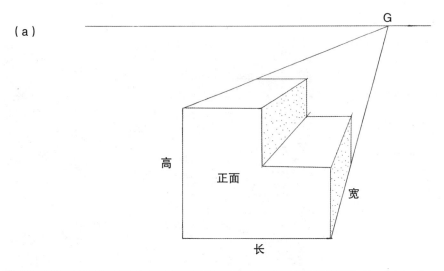

（a）

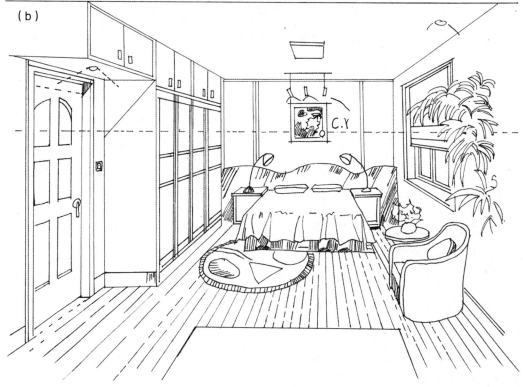

（b）

▶ 图1-2-10 室内一点透视／王丽娟 绘

2.两点透视

以立方体为例，立方体的两组直立面都不与画面平行，而是形成一定的夹角，这样的透视叫成角透视，由于成角透视有两个主向灭点，因此又称为两点透视。此外，平行斜仰视透视和平行斜俯视透视都属于两点透视。成角透视图画面自由、活泼，反映空间比较接近人的真实感受，缺点是角度选择不好，容易产生变形。（如图1-2-11）

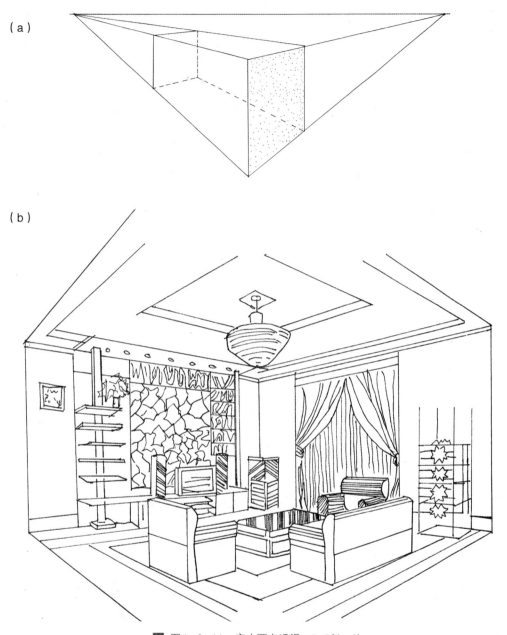

（a）

（b）

▶ 图1-2-11 室内两点透视／王丽娟 绘

3.三点透视

当物体三个方向都不平行于画面时，则三个方向棱形的透视都越远越靠拢，最后消失于各自的消失点。由于长、宽、高三个方向都有消失点，所以这种透视称为三点透视，也叫斜透视。成角斜仰视透视和成角斜俯视透视都属于三点透视。三点透视较一点透视、两点透视复杂，因而很少在室内透视图中运用，多用于表现高层建筑。（如图1-2-12）

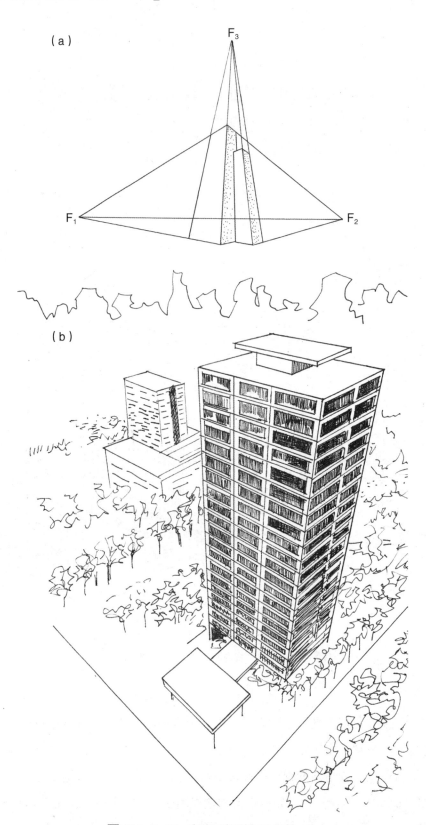

> 图1-2-12 室外三点透视/王丽娟 绘

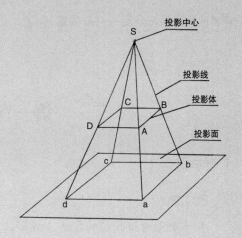

投影中心
投影线
投影体
投影面

第二章　投影基础

教学引导

■ 教学重点

　　本章主要讲授投影的基础知识，目的是使学生对投影概念性的相关知识有所了解，重点是通过学习掌握三视图及轴测图的绘图规律与绘图方法，并能够在设计过程中进行实践应用。

■ 教学安排

　　总学时：8学时。理论讲授：3学时；课堂练习：5学时。

■ 作业任务

　　根据本章内容讲述进行有针对性的练习与临摹，以强化与巩固知识点。

第一节　认识投影

| 教学引导 |

教学重点

本节重点讲解投影的定义、投影三要素及投影分类，目的是使学生掌握物体投影的绘制规律及画法，并能够进行实践应用。

教学安排

总学时：1学时。理论讲授：1学时。

作业任务

自行练习点、线、面、体的投影绘制，并总结其投影规律。

一、投影的定义

日常生活中，在有光的情况下，光线照射到物体表面，假定物体后有遮挡面，物体在遮挡面上形成的影子即投影，这种现象就是投影现象。人们经过科学总结，找到了影子和物体的几何关系，逐步形成了在平面上表达空间物体形状和大小的各种原理和方法，这种方法叫做投影法。

为了能完整清晰地表现物体，可以假设投影线能够"穿透"物体，从而使组合物体的各个边缘线都能在投影中反映出来，但应注意的是，在投影中要用虚线表示物体被遮挡的部分。用这种方法作出的图形称为投影图。（如图2-1-1）

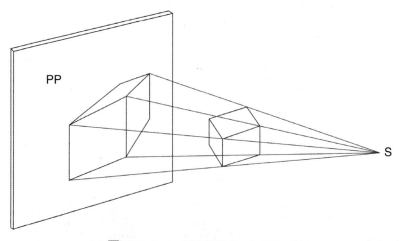

▶ 图2-1-1　投影的产生／王丽娟　绘

二、投影的三要素

要产生投影必须具备三个条件：投影线、投影面和投影体，这三个条件又称为投影的三要素。投影所在的平面称为投影面。空间的几何形体称为投影体。光源是投影中心，连接投影中心与投影体上点的直线称为投射线。通过一点的投影线和投影面相交，所得交点称为该点在平面上的投影。（如图2-1-2）

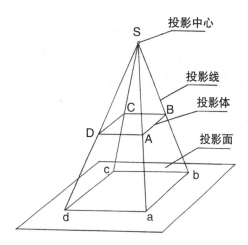

▶ 图2-1-2　投影的基本概念/王晓蕾　绘

三、投影的分类

投影的分类是由投向物体的光线决定的。投影可以分为中心投影、平行投影两种，其中平行投影又可以细分为正投影和斜投影两种类型。

1.中心投影

所有投影线都交于投影中心的投影方法叫做中心投影法，用中心投影法得到的投影即为中心投影。透视图就是利用中心投影法获得的图形。（如图2-1-3）

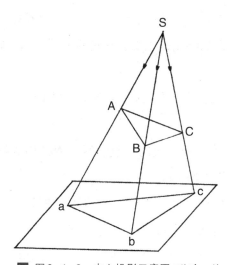

▶ 图2-1-3　中心投影示意图/孙浩　绘

2.平行投影

假设将光源移至无限远处，投影线之间的夹角就会越来越小，把投影中心移至远处，这时投影线就相互平行，这种投影方法就叫做平行投影法。用平行投影法得到的投影即为平行投影。

根据投影线与投影面是否垂直，平行投影又可以分为斜投影和正投影两种。

①斜投影：相互平行的投影线倾斜于投影面形成的投影。斜投影法主要用于绘制轴测图。（如图2-1-4）

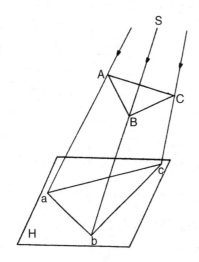

▶ 图2-1-4　斜投影示意图／王丽娟　绘　　▶ 图2-1-5　正投影示意图／王丽娟　绘

②正投影：投影线彼此平行且垂直于投影面形成的投影。正投影法作图简便，度量性好，是所有工程图样的主要图示方法，用正投影法得到的投影叫正投影。（如图2-1-5）

工程中常用的投影图主要有三种：平行正投影、标高投影、透视投影。

平行正投影用于施工图的绘制，主要有建筑施工图、结构施工图、设备施工图等。（如图2-1-6）

标高投影用于绘制建筑总平面图、地形图等。（如图2-1-7）

a.点的投影

任何物体都是由点、线、面构成的，点、线、面是构成物体最基本的几何元素，而点的投影是线、面、体投影的基础。

点的投影仍为点。例如点A的投影为a，在投影作图中，规定空间点用大写字母表示，其投影用同名小写字母表示。位于同一投影线的各点，其投影重合为一点，规定下面的点的投影要加上括号。（如图2-1-8中A、B、C的投影）

b. 直线的投影

平行于投影面的直线，其投影仍为一直线，且投影与空间直线长度相等，即投影反映空间直线的实长。（如图2-1-8中直线FG的投影）

垂直于投影面的直线，其投影积聚为一个点。（如图2-1-8中直线DE的投影）

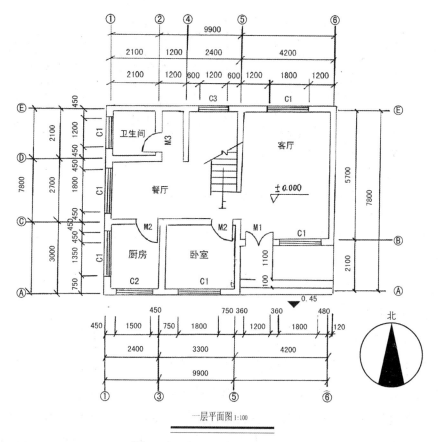

一层平面图 1:100

▶ 图2-1-6 施工图/王晓蕾 绘

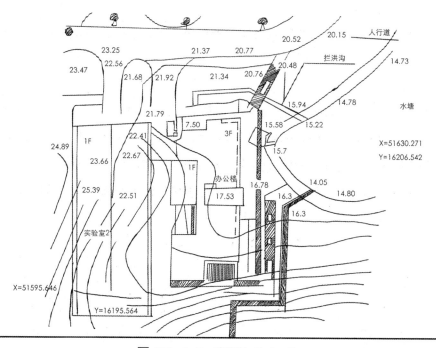

▶ 图2-1-7 地形图/孙浩 绘

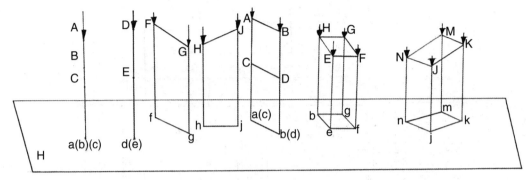

▶ 图2-1-8　点、直线和平面的正投影法示意图/王晓蕾　绘

倾斜于投影面的直线，其投影仍为一直线，但其投影长度比空间直线短。（如图2-1-8中HJ的投影）

为方便记忆，直线的投影特点可按下列口诀记忆：平行投影长不变，垂直投影聚为点，倾斜投影长缩短。

c. 平面的投影

平行于投影面的平面，其投影与空间平面的形状、大小完全一样，即投影反映空间平面的实形。（如图2-1-8中平面EFGH的投影）

垂直于投影面的平面，其投影积聚为一条线。（如图2-1-8中ABCD的投影）

倾斜于投影面的平面，其投影为小于空间平面的类似形。（如图2-1-8中MNJK的投影）

为方便记忆，平面的投影特点可按下列口诀记忆：平行投影真形显，垂直投影聚为线，倾斜投影形改变（变小）。

d. 体的投影

表面由若干平面、曲面形状围成的形体称为立体。立体可以分为平面体和曲面体。表面由若干平面形状围成的立体称为平面立体，简称为平面体。常见的平面体按其平面形状的不同可分为棱柱体和棱锥体等。表面由曲面或曲面与平面围成的立体称为曲面立体，简称曲面体（回转体）。常见的曲面体有圆柱体、圆锥体和球体等。体的投影，实质上是构成该体的所有表面的投影总和。

第二节　三视图

｜教学引导｜

教学重点

本节重点讲解三视图的定义、三视图的绘图特点及规律、三视图的画法，目的是使学生通过学习建立三维立体空间思维，掌握三视图的绘制规律，为后续进行物体的形态分析打下坚实基础。

教学安排

总学时：5学时。理论讲授：1学时；课堂练习：4学时。

作业任务

1.进行多种不规则物体的三视图绘制练习，总结三视图绘制规律及绘图要点；

2.进行课桌椅三视图绘制练习。由指导老师下发绘图任务，学生根据课桌椅的结构进行分析，进行三视图绘制，要求三个视图绘制准确、结构完整，比例尺寸换算、单位标注准确。

一、三视图的定义

采用正投影方法将物体向投影面投影所得到的图形叫正投影图，也叫视图。

用三个视图一般可以表明物体的形状。但若物体各个面的形状不同，三视图上将出现许多虚线，从而影响图的清晰度。为直接反映物体各个面的形状，可增加投影面作出多个视图，如一个六面形状不同的物体，可作出它的六个视图（如图2-2-1），六

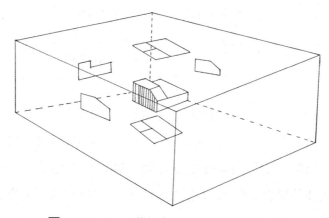

▶ 图2-2-1　立体基本投影面示意图/孙浩　绘

个视图分别是前视图、后视图、左视图、右视图、仰视图、俯视图。（如图2-2-2）

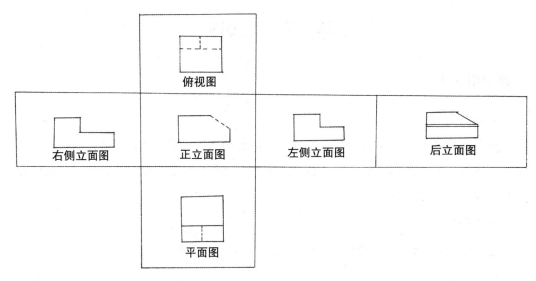

图2-2-2　六个基本视图/孙浩　绘

图2-2-3所示为房屋模型的屋顶平面图和四个立面图。

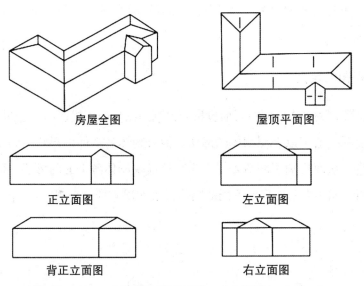

图2-2-3　房屋的屋顶平面图和四个立面图/王晓蕾　绘

　　一些结构复杂的物体，除基本视图外，还需要一些其他的视图来表示。有些形状简单的物体，用一个或两个视图也能表达清楚，但是两个视图常常不能准确、肯定地表现一个物体的形状、结构，几个不同物体的正立面图和平面图可能都不一样，必须有第三个视图才能确定物体的形状。所以，我们一般要有三个视图才能满足需要，重点研究三视图。

三个投影面分别是：正立投影面V，简称正面；水平投影面H，简称水平面；侧立投影面W，简称侧面。

每两个投影面的交线OX、OY、OZ称投影轴，三个投影轴互相垂直相交于一点O，称为原点。（如图2-2-4）

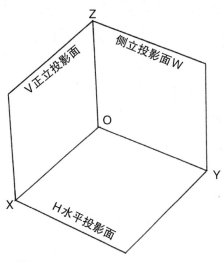

▶ 图2-2-4　三投影面体系/孙浩　绘

将物体置于三投影面体系中，并使其主要面平行于V投影面，用正投影法分别向V、H、W面投影，即可得到物体的三个投影，通常称其为三视图。（如图2-2-5）

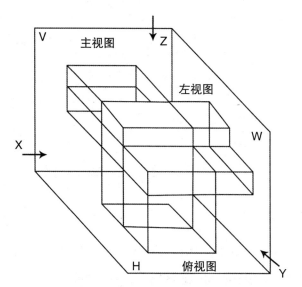

▶ 图2-2-5　三视图的形成/王晓蕾　绘

三个视图分别是：主视图，由前向后投影，在V面上得到的投影图；俯视图，由上向下投影，在H面上得到的投影图；左视图，由左向右投影，在W面上得到的投影图。

按照国家标准规定，视图中凡可见轮廓线用实线表示，不可见轮廓线用虚线表示。

二、三视图的绘图特点及规律

物体有长、宽、高三个方向的尺寸。三视图是由同一物体在同一位置情况下，进行三个不同方向的投影得到的，因此各视图之间存在着严格的尺寸关系。（如图2-2-6）

（1）主视图和俯视图相应投影长度相等，并且对正；

（2）主视图和左视图相应投影高度相等，并且平齐；

（3）俯视图和左视图相应投影宽度相等。

以上投影关系可简称为"三等关系"，它不仅适用于整个物体的投影，也适用于物体上每个局部的投影。为便于记忆，我们将"三等关系"归纳如下：主、俯长对正，主、左高平齐，俯、左宽相等。

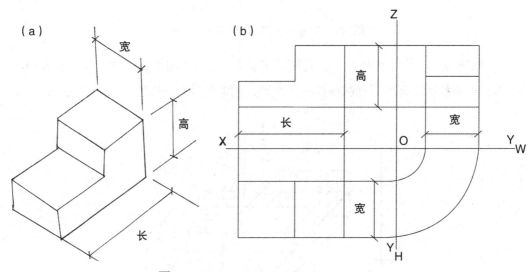

图2-2-6　三视图的对应关系/孙浩　绘

三、三视图的画法

要画出形状和结构比较复杂的物体和场景，首先要画出三视图，根据不同的视图再画出透视图。因此，掌握三视图的画法是非常有必要的。

画物体的三视图时，最好把能反映物体形状特征的那个方向定为主视图的投影方向，再确定其余视图的投影方向。画图需要分析物体上各个面与投影面的相对位置（平行、垂直或倾斜）和它的投影性质，所画的三视图都应符合"三等"对应关系。

特别是需要注意俯视图和左视图之间的宽相等和前、后对应关系。

以下是两种基本的画图方法：

（1）运用三视图规律，作出图2-2-7中已知物体的三视图。

作图步骤如下：①选定图2-2-7b为主视方向，画出对称线、基准线和主视图；②根据主视、俯视长对正，主视、侧视高平齐的关系，画出俯视图和左视图的主要轮廓的底稿（如图2-2-7c）；③检查，擦去多余线条，加深，并画出虚线。（如图2-2-7）

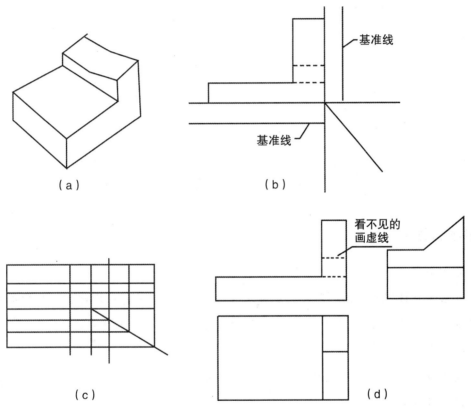

（a）　　　　　　（b）

（c）　　　　　　（d）

▶ 图2-2-7　运用三视图规律作图／王丽娟　绘

（2）运用形体分析法，作出图2-2-8中已知物体的三视图。

作图步骤如下：①首先如图2-2-8b所示进行形体分析，即将物体合理分成几个部分，弄清各部分的形状与相对位置，并分析表面的连接关系，明确哪些有交线，哪些没有交线；②如图2-2-8c选定主视方向，画出底板的三视图，先画主视图，然后画其他两个视图；③如图2-2-8d所示，画连接底板上面的三棱柱的三视图，先画左视图，再画其他两个视图；④如图2-2-8e所示，检查底稿，清理图面，并按规定加深线型。

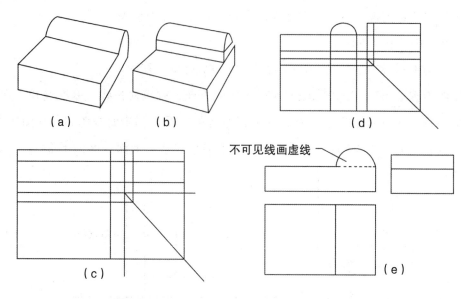

（a）　　　（b）　　　　　　　　（d）

不可见线画虚线

（c）　　　　　　　　　　（e）

▶ 图2-2-8　运用形体分析法作图/王丽娟　绘

第三节　轴测图

┃教学引导┃

教学重点

本节重点讲解轴测图的定义、分类，轴测图的绘制特点及绘图规律，目的是使学生通过学习掌握轴测图的绘制要点及难点，便于后期的设计表现学习。

教学安排

总学时：2学时。理论讲授：1学时；课堂练习：1学时。

作业任务

根据所学内容进行室内空间轴测图临摹，强化轴测图绘制原理及规律。

一、轴测图的定义

将空间物体及确定其位置的直角坐标系按照不平行于任一坐标面的方向S一起平行地投射到一个平面P上，所得到的图形叫轴测投影图，简称轴测图。（如图2-3-1）其中，方向S称为投射方向，平面P称为轴测投影面。由于轴测图是在一个面上反映物体三个方向的形状，不可能都反映实形，其度量性较差，且作图较为繁琐，因而在工程中一般仅作为多面正投影图的辅助图形使用。

轴测投影方向：投影方向S。

轴测轴：三根直角坐标轴OX、OY、OZ的轴测投影O_1X_1、O_1Y_1、O_1Z_1。

轴间角：相邻两轴测轴之间的夹角$\angle X_1O_1Z_1$、$\angle X_1O_1Y_1$和$\angle Y_1O_1Z_1$。

轴向变形系数：轴测单位长度与空间坐标单位长度之比。

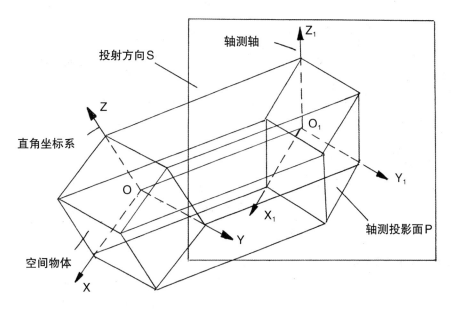

▶ 图2-3-1　轴测投影图的形成／王丽娟　绘

二、轴测图的特点及规律

轴测图是用平行投影的方法所得的一种投影图，该图具有平行投影的投影特点。

（1）平行性。物体上互相平行的线段，在轴测图中仍然互相平行。

（2）定比性。物体上与坐标轴平行的线段，其轴测投影也必然与相应的轴测轴相平行，并且所有同一轴向的线段其伸缩系数是相同的，这种线段长度可按伸缩系数p、q、r来确定和测量。和坐标不平行的线段，其投影变长或变短，不能在图上测量。

（3）实形性。物体上平行于轴测投影面的平面，在轴测图中反映实形。

三、室内轴测图的分类

投影光线与投影面相对位置不同（投影光线与投影面垂直或者倾斜），会形成不同的投影面。（如图2-3-2）

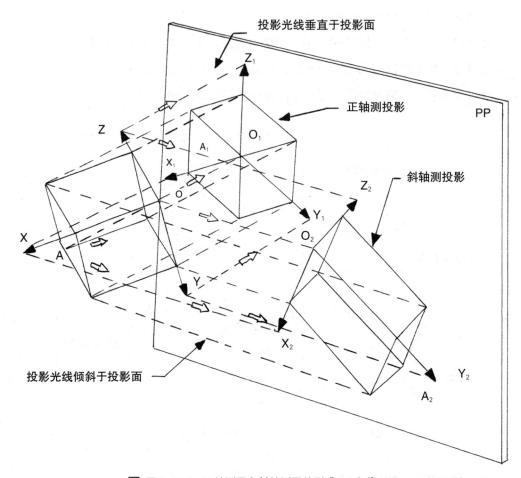

图2-3-2　正轴测图和斜轴测图的形成/王晓蕾　绘

（1）正轴测图

由垂直于投影面的光线所形成的轴测图称为正轴测图，也称轴测正投影，可分为正等轴测图和正二等轴测图。

①正等轴测图

以正轴测图为例，如果它的长宽高三条轴测轴的夹角均为120°，且长轴、宽轴与水平线成30°倾斜，OZ轴为垂直状态，在作图时，三条轴的长度可以按相对应物体的长宽高真实长度量取，以此形成的轴测图称为正等轴测图（简称"正等测"）。

②正二等轴测图

假设正轴测图的长宽高三条轴测轴间的夹角分别为131°25′、131°25′和97°10′，且长轴、宽轴与水平线的夹角为41°25′、7°10′，OZ轴呈垂直状态，在作图时，长轴和宽轴可以按对应物体真实的长度和高度量取，宽轴则以1/2的宽度量取，以此形成的轴测图称为正二等轴测图（简称"正二测"）。

（2）斜轴测图

倾斜于投影面所形成的轴测图称为斜轴测图，也称轴测斜投影。（如图2-3-2）上述两类轴测图中，物体相对于图形面的位置是不同的，因而可以形成不同的轴测图类型。在斜轴测投影图中，根据上述物体与图形面的变化，也可产生水平斜轴测图和正面斜轴测图的视图分类。

①水平斜轴测图

水平斜轴测图是指物体的水平面平行于轴测投影面，其投影反映实形。X、Y轴平行于轴测投影面，均不变形，为原长。它们之间的轴间角为90°，与水平线的夹角常用45°。OZ轴呈垂直状态，变形系数一般采用实长。水平斜轴测图一般用作鸟瞰图。（如图2-3-3、2-3-4）

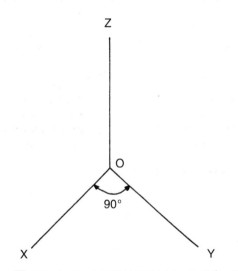

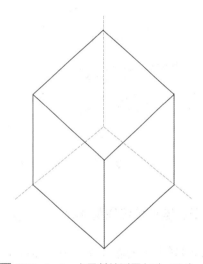

▶ 图2-3-3　水平斜轴测图（1）/王晓蕾　绘　　　▶ 图2-3-4　水平斜轴测图（2）/孙浩　绘

②正面斜轴测图

正面斜轴测图是指物体的正立面平行于轴测投影面，其投影反映实形。X、Y轴平行于轴测投影面，均不变形，为原长。它们之间的轴间角为90°，X_1轴常为水平线，Y_1轴为斜线，它与水平线的夹角常用30°、45°或60°，也可自定。O_1Z_1轴呈垂直状态，它的变形系数也可自定，一般常取0.5或1。正面斜轴测图最常用的一种图叫正面斜二轴测图，简称"斜二轴测图"。

但在实际工作中，正等轴测图、正二等轴测图和斜二轴测图作图较为简便，且立体效果较好，是人们主要采用的轴测图类型。（如图2-3-5）

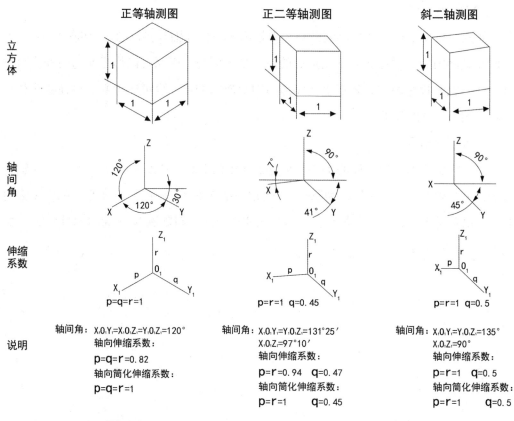

	正等轴测图	正二等轴测图	斜二轴测图
立方体			
轴间角	120° 120° 30°	90° 41°	90° 45°
伸缩系数	p=q=r=1	p=r=1 q=0.45	p=r=1 q=0.5
说明	轴间角：X₁O₁Y₁=X₁O₁Z₁=Y₁O₁Z₁=120° 轴向伸缩系数： p=q=r=0.82 轴向简化伸缩系数： p=q=r=1	轴间角：X₁O₁Y₁=Y₁O₁Z₁=131°25′ X₁O₁Z₁=97°10′ 轴向伸缩系数： p=r=0.94　q=0.47 轴向简化伸缩系数： p=r=1　q=0.45	轴间角：X₁O₁Y₁=Y₁O₁Z₁=135° X₁O₁Z₁=90° 轴向伸缩系数： p=r=1　q=0.5 轴向简化伸缩系数： p=r=1　q=0.5

▶ 图2-3-5　三种常用的立方体轴测图有关参数/王丽娟　绘

四、室内轴测图的画法

（1）轴测图的基本作图方法步骤

①根据物体形状特征，确定轴测图类型，画出轴测图。

②根据物体形状特点选择合适的作图方法，常用的有坐标法、叠加法、切割法、端面法等。

③根据物体实际尺寸确定物体在轴测轴上的点和直线的位置，充分利用相互平行的直线在轴测图中仍相互平行的投影规律作图。

④检查后擦去多余图线，加深可见轮廓线，不可见轮廓线一般不画出。

（2）圈椅的轴测图练习

①草图绘制阶段——绘制透视图或三视图，为记录数据的示意图。

②数据收集阶段——测量物体各部位的尺寸，先整体后局部，逐一把数据填写进示意图，如图2-3-6、2-3-7所示。

▶ 图2-3-6 圈椅实物图

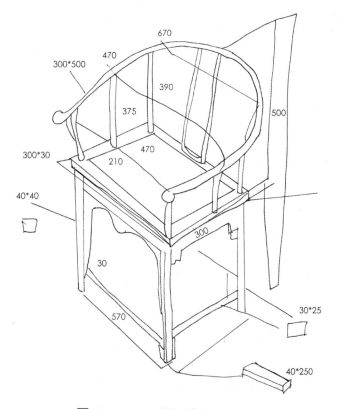

▶ 图2-3-7 圈椅手绘图/孙浩 绘

③用铅笔绘制三视图底稿，逐一检查三视图的准确性，是否表现出物体的特征，数据记录是否正确和完整。

④用黑线绘制三视图正稿（如图2-3-8）：平面图、立面图、剖面图、详图（如图2-3-9）及测绘说明。

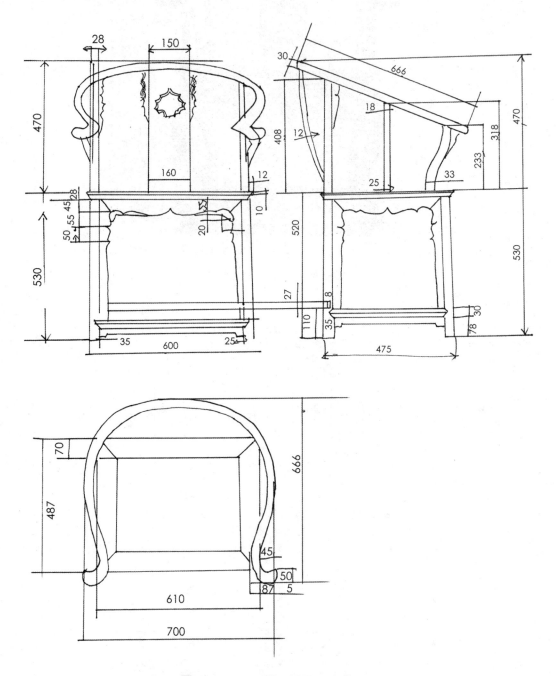

▶ 图2-3-8 圈椅三视图/王晓蕾 绘

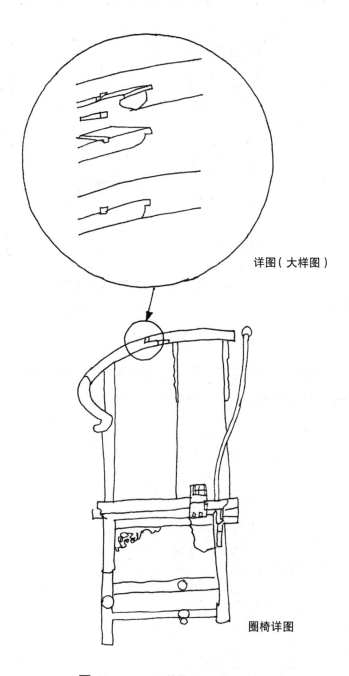

详图（大样图）

圈椅详图

▶ 图2-3-9 圈椅详图/孙浩 绘

（3）作轴测图之前应注意的问题

①了解所画物体的三面正投影图或实物的形状和特点。（如图2-3-10）

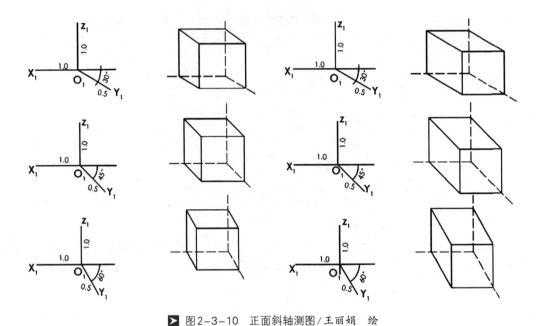

▶ 图2-3-10　正面斜轴测图／王丽娟　绘

②选择观看的角度，研究从哪个角度才能把物体表现得更明确。可根据不同需要选用俯视、仰视，从左看或从右看。（如图2-3-11）

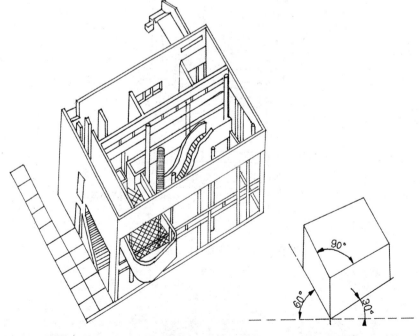

▶ 图2-3-11　理查德·迈耶作的香伯格住宅平面轴测图／王晓蕾　绘

③选择合适的轴测轴，确定物体方位。（如图2-3-12）

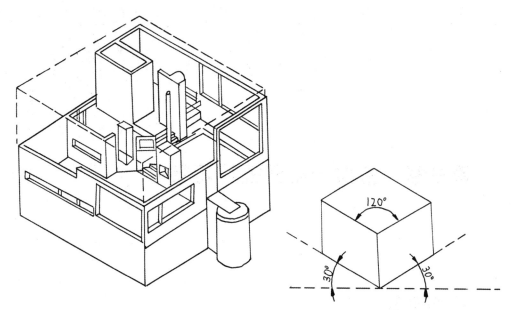

▶ 图2-3-12 巴巴拉与朱利安·内斯基作的西蒙住宅等角轴测图/王晓蕾 绘

④在上述过程中应考虑三个原则：作图简便，直观效果好，图形应清晰反映物体的形状。

在日常生活中，我们常见的轴测图多用于表现餐厅、厨房等处。（如图2-3-13）

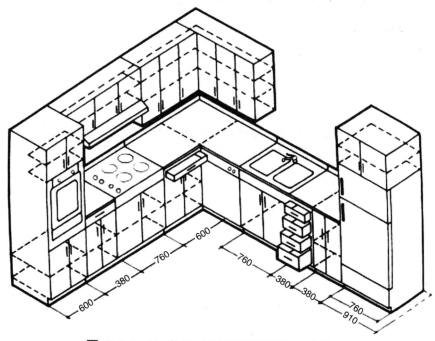

▶ 图2-3-13 餐厅、厨房的正等轴测图/王晓蕾 绘

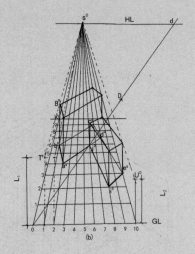

第三章　室内一点透视及其应用

■ **教学重点**

　　本章从一点透视基本知识讲解出发，重点阐述一点透视的绘图原理及规律，并结合图例强化一点透视的制图要点及难点，目的是使学生通过学习熟练掌握一点透视的绘图方法，并进行实际应用。

■ **教学安排**

　　总学时：7学时。理论讲授：1学时；学生练习：5.5学时；分析讨论：0.5学时。

■ **作业任务**

　　根据本章讲述的内容进行有针对性的练习与临摹，以巩固与强化知识点。

第一节　一点透视原理及其规律

｜教学引导｜

教学重点

本节通过图例分析讲述一点透视的定义、成图原理及规律，目的是使学生通过学习理解并掌握一点透视的成图原理及规律，为第二、三节一点透视的实践应用打下良好的理论基础。

教学安排

总学时：1.5学时。理论讲授：0.5学时；学生练习：1学时。

作业任务

根据所讲授的一点透视原理，绘制正方体一点透视图1张。

一、一点透视原理

当物体的正面平行于画面时，物体的长度和高度方向线也平行于画面，其透视仍保持平行；同时，宽度方向线与画面保持垂直，那么宽度方向线的透视越远越靠拢，最后消失于一点。这种透视现象称为一点透视。一点透视时物体长、宽、高三组方向线中，有两组与透视画面相平行，故一点透视也叫平行透视。（如图3-1-1）

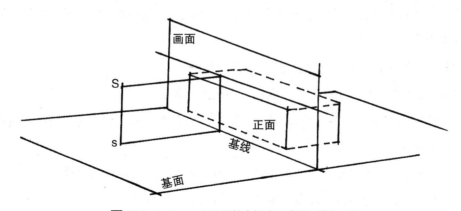

▶ 图3-1-1　一点透视基本概念示意图／樊迪　绘

一点透视原理相对比较简单。以长方体为例，如图3-1-2所示，面FBCG、EADH与画面平行，面ABCD、EABF、EFGH、GCDH与画面垂直。在透视过程中，平行于画面的平面即FBCG、EADH只有大小变化，没有形状上的变化，其中距离画面近的面（FBCG）缩小程度较小，距离较远的面（EADH）缩小程度较大；垂直于画面的平面，即面 ABCD、EABF、EFGH、GCDH，在透视作用下距画面较近的部分缩小程度较小，较远的部分缩小程度较大，由此产生形状变化。

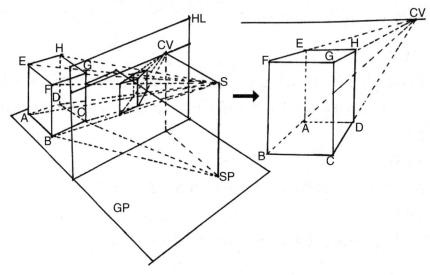

▶ 图3-1-2　一点透视原理示意图／樊迪　绘

二、一点透视的绘图特点及规律

一点透视中平行于画面的平面（如长方体正面）仍然保持原来的形状，即物体的长度和高度方向线因为平行于画面（是原线），其透视方向不变，水平的透视仍然保持水平，垂直的透视仍然保持垂直。物体的宽度方向线垂直于画面，与主视线平行，所以其透视集中消失于心点。

因此，我们可将一点透视规律总结为以下几点：

（1）一点透视只有一个灭点，即宽度方向灭点就是心点。

（2）物体正面轮廓包含心点时，透视只能看到一个面，即正面。这种情况主要用于绘制室内透视图。

（3）正面轮廓不包含心点，但包含视平线或主垂线时，可看到两个面。

（4）正面轮廓不包括视平线和主垂线时，可看到三个面。

也就是说，视点位置不同，对同一消失点，长方体上、下、左、右摆放的位置不同，透视图形也随之不同。（图3-1-3）

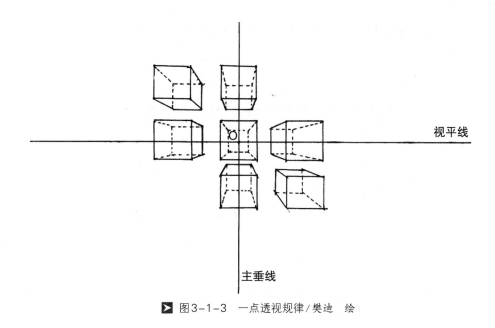

视平线

主垂线

▶ 图3-1-3　一点透视规律/樊迪　绘

第二节　一点透视的制图方法

｜教学引导｜

教学重点

本节重点讲解一点透视的几种常用制图画法：视线法、网格法、距点法，目的是通过理论与图例相结合的教学方法，使学生深入理解一点透视的不同制图程序与方法，并具备熟练运用一点透视制图方法绘制透视图的能力。

教学安排

总学时：2学时。理论讲授：0.5学时；学生练习：1.5学时。

作业任务

运用视线法绘制沙发一点透视图1张，沙发样式自选。

一、视线法

所谓视线法，是利用物体与视点的连线交画面于各迹点（直线与画面的交点称为直线在画面的迹点，简称"迹点"），再用已知点及迹点与灭点的连线求出透视平面，然后利用真高线求出物体透视图。以立方体为例，视线法的具体步骤如下：

（1）把平面图平行安置于画面线PL之上，立面图置于GL上。自平面图引出宽度测线，自立面图引出高度测线（真高线），交点分别为a、b、c、d。定出视平线HL和心点

CV，并作垂线定出视点S，S到CV的垂直距离即为视距。（如图3-2-1）

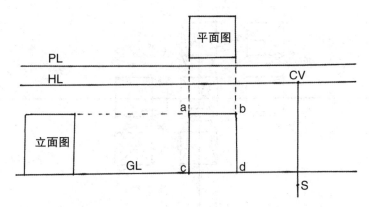

▶ 图3-2-1　视点法作图步骤一/樊迪　绘

（2）分别过a、b、c、d向CV引出透视线，再分别由A、B、C、D向视点S连线。
（如图3-2-2）

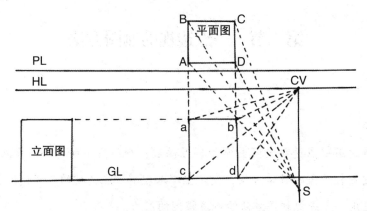

▶ 图3-2-2　视点法作图步骤二/樊迪　绘

（3）分别由A、B、C、D向视点S连线，交画面线PL于e、f、g、h各点，并由e、f、
g、h各点向下作垂线，其中过e、g的两条垂线与透视线分别交得i、j、k、l各点，连接

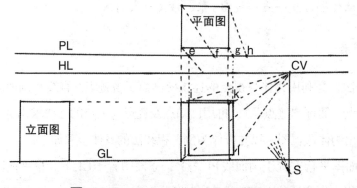

▶ 图3-2-3　视点法作图步骤三/樊迪　绘

后作出正面的透视图。（如图3-2-3）

（4）其余两条垂线与透视线分别交得m、n、o、p各点，连接各点后，即完成了立方体的一点透视图绘制。（如图3-2-4）

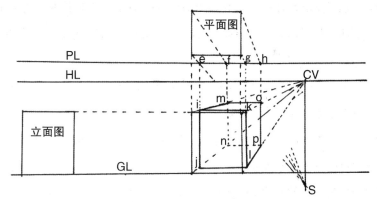

▶ 图3-2-4　视点法作图步骤四／樊迪　绘

二、网格法

当物体轮廓线不规则或是一组物体的时候，一般采用网格法作图，即一组方向的格线平行于画面，另一组格线垂直于画面。网格法的具体步骤如下：

（1）在平面图上选定位置适当的画面线PL。画上方格网，并在方格网的两组方向上分别定出0、1、2、3、4、5、6、7、8、9、10等点。（如图3-2-5a）

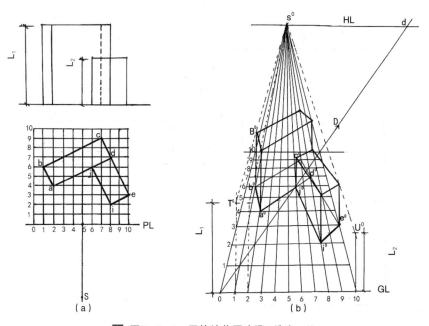

▶ 图3-2-5　网格法作图步骤／樊迪　绘

（2）在画面上按选定的视高画出基线GL和视平线HL，在视平线HL上定出s°。在基线GL上，按已选定的方格网的宽度确定0、1、2、3、4、5、6、7、8、9、10各点（即与画面垂直格线的迹点）。

（3）根据选定的视距，在心点一侧定出距点D，D是正方形网格对角线的灭点，连接0D是对角线的透视。连接0s°、1s°、2s°……10s°，这些连线就是垂直于画面的一组格线的透视。

（4）分别过0D与1s°、2s°等的交点作基线GL的平行线，即为另一组格线（平行画面）的透视，至此完成方格网的一点透视。

（5）根据物体平面图3-2-5a中物体在方格网上的位置，按坐标确定其在透视网格上的位置，即得到物体的透视平面图。

（6）过物体透视平面的各个角点向上竖高度。竖高度时沿着格线到基线GL上，例如过b°点格子线为1s°。过点1作建筑物的真高线1T°，连接T°s°，与过b°的竖直线交于B°，B°b°即为所求物体一个小角的透视。同理，可作出物体其他角的透视。以此类推，将得出的各角相连，最终可得出物体的一点透视图。（如图3-2-5b）

三、距点法

距点法又称45°法。在一点透视作图法中，我们所了解到的视线法是相对简单的作图方法，在此基础上以E点为圆心画半圆，与视平线HL相交于点D₁、D₂，这两点便

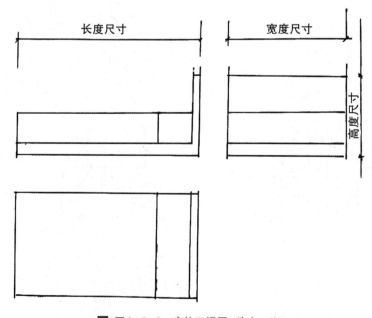

▶ 图3-2-6 床体三视图/樊迪 绘

是距点，可用来求得物体或室内空间的透视深度。下面我们以简单的床体为例，已知床体三视图（如图3-2-6），用距点法作床体的一点透视图（放大N倍）。

具体作图步骤如下：

（1）确定视平线HL和基线GL，在视平线HL上确定心点CV的位置，并根据作图需要确定视点S，故得出视心线CV-S，也是视距。以视距CV-S为半径在视平线HL上画圆，与视平线HL交于点D_1、D_2。把床体作为立方体来看，将床体主视图、侧视图分别放在视心线CV-S两边的基线GL上。（如图3-2-7）

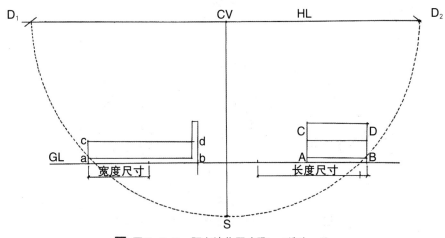

▶ 图3-2-7 距点法作图步骤一/樊迪 绘

（2）在基线GL上从a点向右作出床体的宽度尺寸，从B点向左作出床体的长度尺寸。从心点CV分别至侧视图的a、b、c、d等点与主视图的A、B、C、D等点作透视线。再由左边距点D_1向基线GL上的宽度尺寸点作透视线交得a′；由右距点D_2向基线GL上的长度尺寸点作透视线交得A′，分别过a′、A′作平行于视平线HL的水平线，交

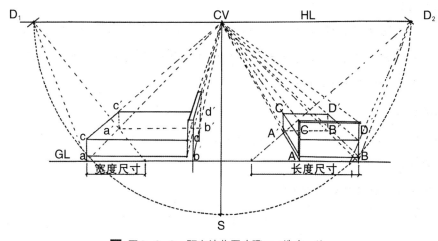

▶ 图3-2-8 距点法作图步骤二/樊迪 绘

点 b、B 的透视线于点 b′、B′两点。至此，得出床体的地平面的透视图。而后由 a′、b′、A′、B′点分别向上作垂线交点 c、d、C、D 的透视线于 c′、d′、C′、D′各点，分别连接 c′、d′两点，C′、D′两点，得出平行于视平线 HL 的水平线 c′d′和 C′D′，即求出床体的立方体透视。（如图 3-2-8）

（3）以（2）为例，依次作出床体靠背的宽度及进深，最终完成完整的床体一点透视图。（如图 3-2-9）

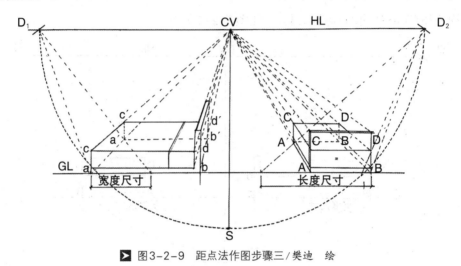

▶ 图3-2-9 距点法作图步骤三／樊迪 绘

第三节 一点透视在室内空间设计中的运用

| 教学引导 |

教学重点

本节以不同功能性质的室内空间为例，具体分析讲述一点透视在室内空间设计中的具体应用与绘制要点，并通过优秀学生作品赏析使学生了解一点透视常见的问题，以此进一步强化与巩固所学知识点。

教学安排

总学时：3.5 学时。分析讨论：0.5 学时；学生练习：3 学时。

作业任务

绘制客厅一点透视效果图 1 张。

一、室内空间一点透视画法（以酒店客房为例）

我们以酒店客房为例，向大家介绍简便快捷地绘制一点透视空间的方法。已知空间尺寸为4000mm×4000mm，家具位置如图3-3-1所示：

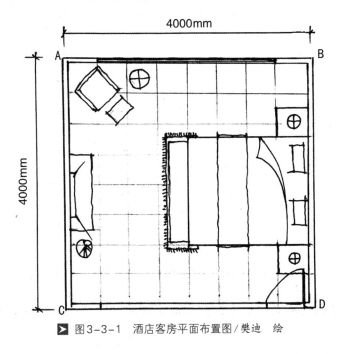

▶ 图3-3-1　酒店客房平面布置图/樊迪　绘

（1）定好消失点和视平线。在室内空间中，视平线需要尽量定得稍稍低一些，一般在1500mm（正常人眼高度）以下，这样所表现出的空间更加具有稳定感。如图3-3-2所示，室内总高度定为3000mm，可将视平线高度定为800mm。

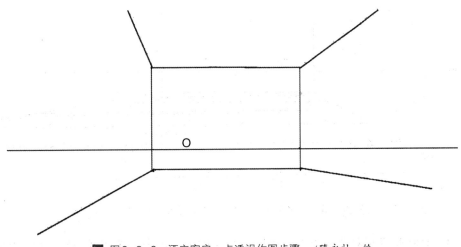

▶ 图3-3-2　酒店客房一点透视作图步骤一/隋永壮　绘

（2）按照网格法透视原理，将地面平均分为8等份，因空间尺寸为4000mm×4000mm，每个网格的尺寸为500mm×500mm，按2000mm的长度找到4个方格，就定好了床的位置，按照同样的方法把卧室的其他物体画出平面。（如图3-3-3）

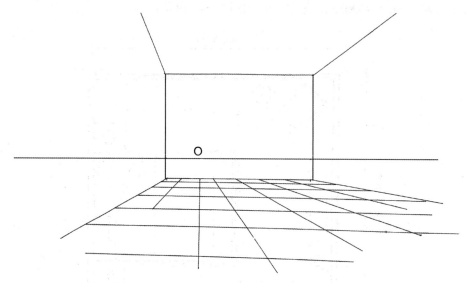

▶ 图3-3-3 酒店客房一点透视作图步骤二/隋永壮 绘

（3）将地平面的辅助线清除，使画面更加简洁明了，便于下一步绘制。（如图3-3-4）

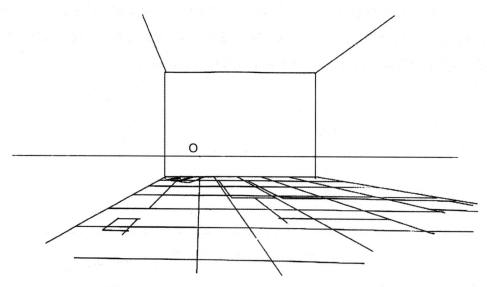

▶ 图3-3-4 酒店客房一点透视作图步骤三/隋永壮 绘

（4）把地平面的家具位置按照透视关系立体表现出来，按照透视高度画出物体框架。（如图3-3-5）

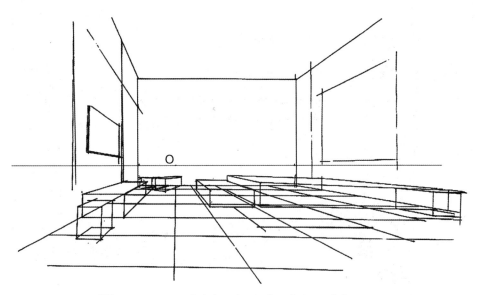

▶ 图3-3-5　酒店客房一点透视作图步骤四/隋永壮　绘

　　（5）处理墙体及家具细节，注意收边的植物勾画细致，每个物体的投影要加重。
（如图3-3-6）

▶ 图3-3-6　酒店客房一点透视作图步骤五/隋永壮　绘

　　（6）进一步刻画细部，处理画面黑白灰关系，最终完成作图。（如图3-3-7）

▶ 图3-3-7　酒店客房一点透视作图步骤六/隋永壮　绘

二、室内空间一点斜透视画法（以起居室为例）

在现实生活中，我们对室内空间进行拍照时，所摄取的画面中墙体线几乎看不到完全水平或垂直的线条。也就是说，我们很少能看到一面完全方正的墙面。这是因为视觉透视使得墙面实际上平行的两条边，看起来都有一定程度的倾斜。这种情况我们可以运用一种透视方法来解决，就是我们常说的一点斜透视，也叫平角透视。

以起居室为例，室内一点斜透视作图方法步骤如下：

（1）首先确定空间视平线、消失点、宽和高的墙体框架比例，画法原理与一点透视相同。（如图3-3-8）

注意：一点斜透视的特点是主视面与画面并非完全平行，而是形成了一定的角度，使得主视面与画面平缓地消失于画面很远的一个灭点。可以说一点斜透视是介于一点透视与两点透视之间的一种透视现象，它具有两点透视的特征，而两侧墙面的延长线消失于画面的视中心点，则类似于一点透视。所以，一点斜透视是在一点透视的基础上，表现出具有两点透视效果的作图方法。

（2）确定家具在地平面上的摆放位置。（如图3-3-9）

（3）根据家具尺寸拉出高度，形成空间透视体块。（如图3-3-10）

（4）刻画室内空间界面装饰、隔断纹理、天花顶棚等。（如图3-3-11）

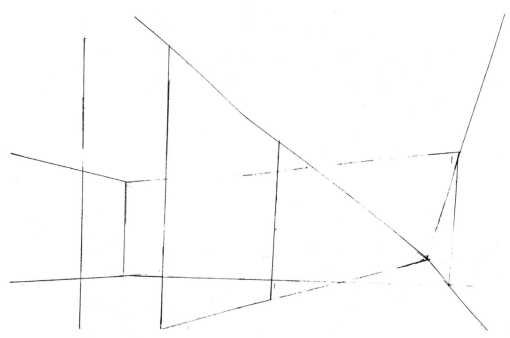

▶ 图3-3-8 起居室一点斜透视作图步骤一／张倩语 绘

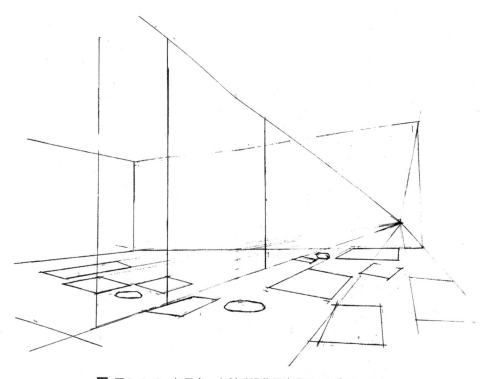

▶ 图3-3-9 起居室一点斜透视作图步骤二／张倩语 绘

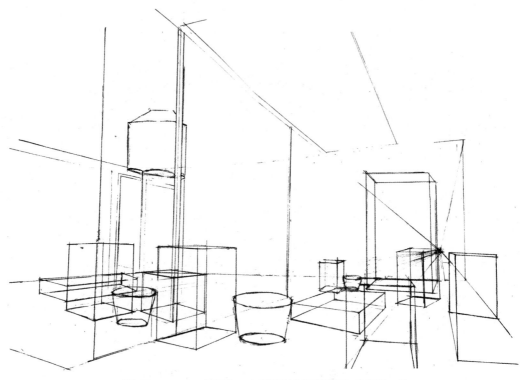

▶ 图3-3-10 起居室一点斜透视作图步骤三／张倩语　绘

▶ 图3-3-11 起居室一点斜透视作图步骤四／张倩语　绘

（5）深入细致刻画画面，注意隔断厚度和结构，处理画面黑白灰关系，得出最终效果图。（如图3-3-12）

▶ 图3-3-12　起居室一点斜透视作图步骤五/张倩语　绘

在室内设计中，一点透视偏于稳重而略显呆板，但两点透视的绘制难度比一点透视较大，且控制不好消失点，画面易变形。而一点斜透视在构图上比一点透视更加灵活，同时又比两点透视更容易把握，因此一点斜透视比一点透视和两点透视的用途更为广泛。

三、室内空间一点透视作品赏析

▶ 图3-3-13 室内一点透视效果图（1）/樊迪 绘

▶ 图3-3-14 室内一点透视效果图（2）/樊迪 绘

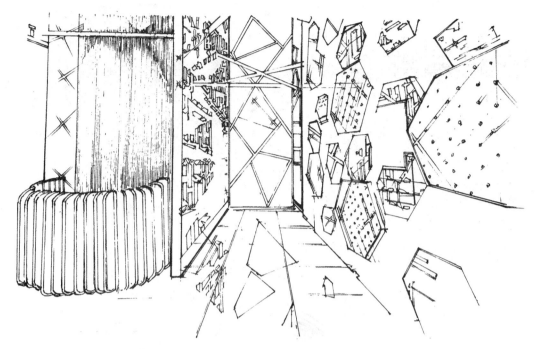

▶ 图3-3-15 室内一点透视效果图(3)/张倩语 绘

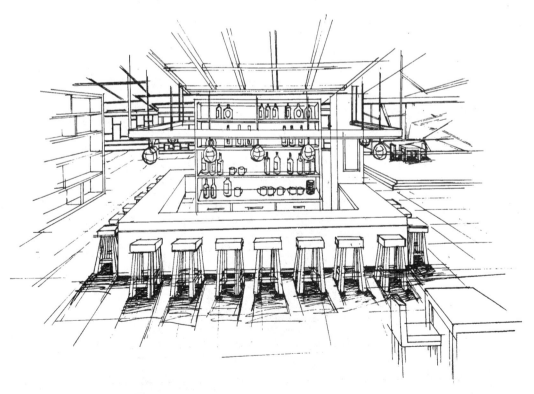

▶ 图3-3-16 室内一点透视效果图(4)/赵凯丽 绘

▶ 图3-3-17 室内一点透视效果图（5）/刘玉凤 绘

▶ 图3-3-18 室内一点透视效果图（6）/刘玉凤 绘

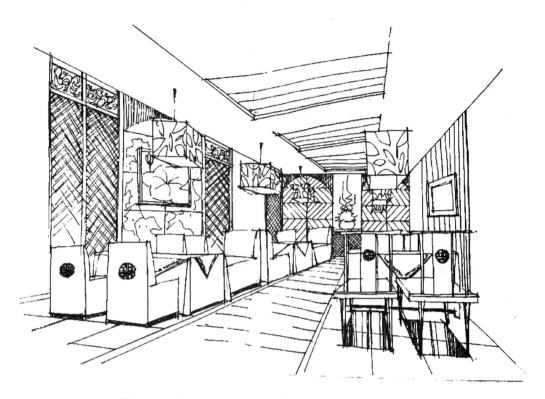

▶ 图3-3-19 室内一点透视效果图（7）／裴中兰 绘

▶ 图3-3-20 室内一点斜透视效果图（8）／樊迪 绘

▶ 图3-3-21 室内一点斜透视效果图（9）/樊迪 绘

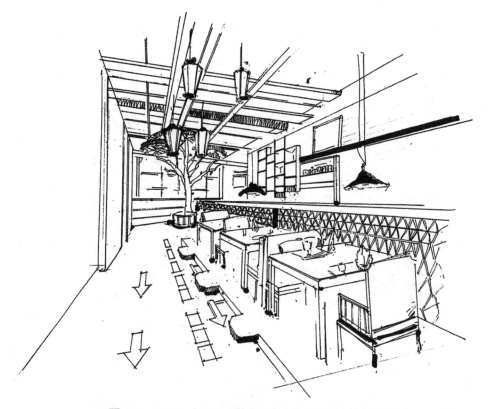

▶ 图3-3-22 室内一点斜透视效果图（10）/南希 绘

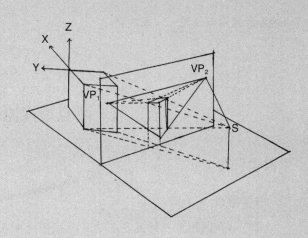

第四章　室内两点透视及其应用

■ 教学重点

本章重点介绍两点透视原理、成图规律及两点透视制图方法，重点讲授如何利用两点透视成图规律绘制室内两点透视效果图，目的是让学生尽快掌握绘制室内透视图的方法。

■ 教学安排

总学时：7学时。理论讲授：1.5学时；学生练习：5学时；分析讨论：0.5学时。

■ 作业任务

根据本章各节讲述的内容进行有针对性的练习、临摹，以此巩固与强化相关知识点。

第一节　两点透视原理及其规律

| 教学引导 |

教学重点

本节结合图例重点讲述两点透视的成图原理及规律特点，目的是使学生通过学习理解其成图原理及绘制规律，便于掌握后期两点透视相关效果图的绘制与表现技巧。

教学安排

总学时：1.5学时。理论讲授：0.5学时；学生练习：1学时。

作业任务

根据所讲授的两点透视原理，绘制正方体两点透视图1张。

一、两点透视原理

当物体的正面不平行于画面时，物体的长度方向线和宽度方向线与画面都不平行，而与画面形成一定的角度（可用长度方向线与画面的夹角 α 表示），所以长度和宽度方向线都有各自的消失点（灭点），这种透视称为两点透视，也叫成角透视。

物体在坐标轴中，有两轴与画面倾斜相交，只有一轴与画面平行。透视图中透视线有两个方向灭点，绘制时垂直方向线不变，水平与纵深方向的线都趋向各自的灭点。（如图4-1-1）

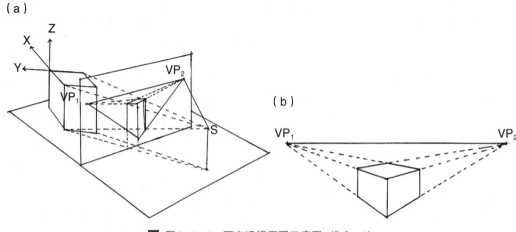

▶ 图4-1-1　两点透视原理示意图/樊迪　绘

二、两点透视的绘图特点及规律

（1）两点透视灭点有两个，平视时其长度和宽度方向线有透视灭点，高度方向线没有透视灭点，其中长度方向线灭点为V_1，宽度方向线灭点为V_2。

（2）透视灭点的位置与物体的长度方向线和画面的夹角 α 有关，α 不同，灭点的位置也不同。当 α =45° 时，两灭点V_1、V_2对称于心点两侧；当 α 趋于 0° 时，成角透视趋向于一点透视。（如图4-1-2）

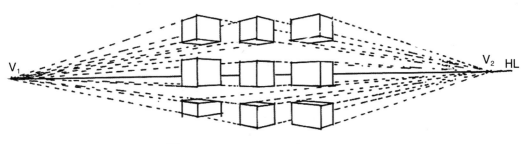

▶ 图4-1-2　两点透视规律/樊迪　绘

第二节　两点透视的制图方法

｜教学引导｜

教学重点

本节重点讲授两点透视较为常用的画法：视线法、量点法、消失点法，并以长方体及单体家具为例，采取理论讲解与实例示范相结合的教学方法，使学生理解并熟练运用两点透视制图表现方法。

教学安排

总学时：3学时。理论讲授：1学时；学生练习：2学时。

作业任务

根据两点透视量点法原理绘制组合餐桌椅透视图1张。

一、视线法

视线法的相关概念在上一章中我们有详细介绍，这里就不再赘述。下面我们以长方体为例，来讲解两点透视视线法的作图步骤。

（1）确定消失点

首先，定出画面线PL的位置，并在画面线PL上部确定长方体平面，点B置于画面线PL上（与画面线重合），且长方体的平面与画面线PL成一定的夹角；

其次，确定视点S及视距，以视点S为基点作长方体平面图中线AB、BC的平行线，各交画面线PL于V₁′、V₂′两点，V₁′、V₂′为迹点；

最后，作基线GL与视平线HL，由画面线PL向视平线HL引垂线，由迹点V₁′、V₂′各向下作垂线，与视平线HL相交于点V₁、V₂，V₁、V₂即为长方体的消失点。（如图4-2-1）

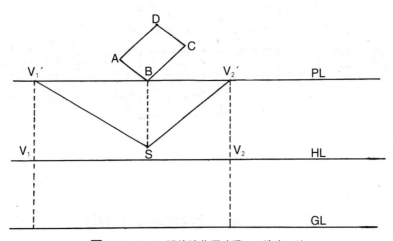

▶ 图4-2-1　视线法作图步骤一/樊迪　绘

（2）确定迹点的投影点

分别由点A、C、D向视点S连线，交画面线PL于a′、c′、d′三个点。那么，点a′、c′、d′为相对应点A、C、D的迹点，也可以说点a′、c′、d′为A、C、D三个点与视点S

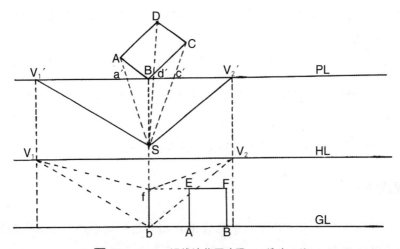

▶ 图4-2-2　视线法作图步骤二/樊迪　绘

的连线交在画面线PL上的正投影点。（如图4-2-2）

（3）绘制真高线

由长方体平面图中的点B向基线GL作垂线交于点b。线bS为真高线；将长方体立面图画于基线GL上，为图形ABFE，通过EF作水平线交真高线于f点，求得fb为长方体的高度。（如图4-2-2）

（4）完成透视图

首先，由真高线中f、b两点分别向消失点V_1、V_2引透视线fV_1、fV_2、bV_1、bV_2；

其次，由平面图中点a′引出垂线，交透视线fV_1、bV_1于e、a两点，由点c′引出垂线，交透视线fV_2、bV_2于g、c两点；

再次，由点e、a向消失点V_2引透视线eV_2、aV_2（或由点g、c向消失点V_1引透视线），由平面图中点d′引垂线，交透视线eV_2、aV_2于h、d两点；

最后，连接a、b、c、d、e、f、g、h八个点，即可作出完整的长方体的成角透视图。（如图4-2-3）

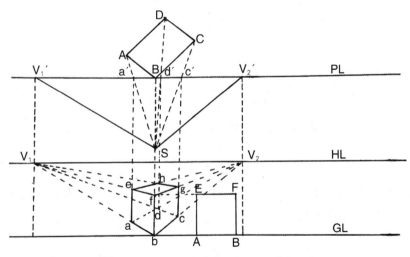

▶ 图4-2-3　视线法作图步骤三／樊迪　绘

二、量点法

量点法就是利用量点，根据所求直线的实际长度，直接在画面上确定该直线透视长度的作图方法。下面以单体沙发为例，来讲解两点透视的量点法作图步骤，提供沙发三视图。（如图4-2-4）

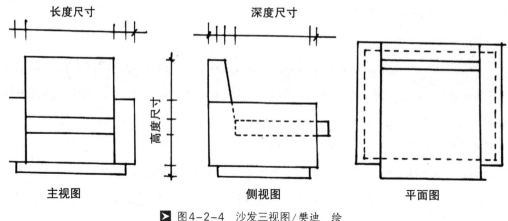

长度尺寸　深度尺寸

高度尺寸

主视图　　　　　　侧视图　　　　　　平面图

▶ 图4-2-4　沙发三视图/樊迪　绘

（1）根据所给沙发三视图的高度确定真高线ab，由a点和b点分别向消失点V_1和V_2连线。（如图4-2-5）

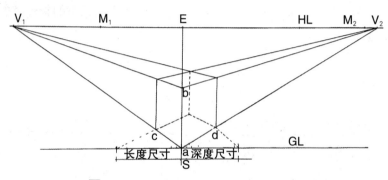

▶ 图4-2-5　量点法作图步骤一/樊迪　绘

（2）利用M_1、M_2点将长度尺寸和深度尺寸的每个点都连接，交得透视线各点。由得出的c点和d点分别向上作垂线，并向消失点引透视线，得出沙发立体轮廓。继续将线ac、ad上的各点向上作垂线和透视线。（如图4-2-6）

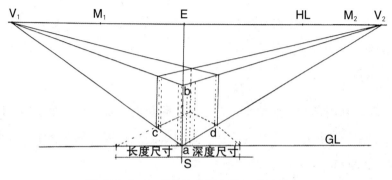

▶ 图4-2-6　量点法作图步骤二/樊迪　绘

（3）在真高线ab上确定沙发的扶手、靠背及底座的高度，再向消失点V_1、V_2分别连线，求出沙发的扶手、靠背及底座的透视。（如图4-2-7）

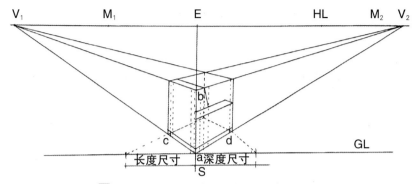

▶ 图4-2-7　量点法作图步骤三／樊迪　绘

（4）擦去相关的辅助线，刻画沙发细节。（如图4-2-8）

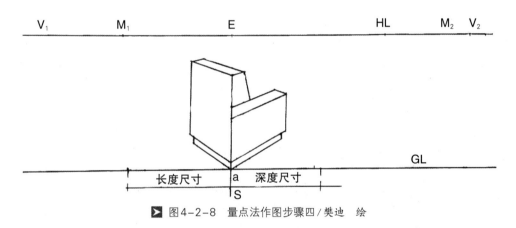

▶ 图4-2-8　量点法作图步骤四／樊迪　绘

三、消失点法

利用消失点直接绘制透视图的方法就是消失点法。作图过程中，将物体的轮廓线延长至画面，即可求出各自对应的迹点。将各迹点投影到基线上，在透视线段的画面上以迹点为起点连接消失点，绘制出透视对象及其延长线的透视线，最终通过绘制物体的轮廓线，便可得出完整的透视图。

为方便理解，我们以长方体为例，详细介绍两点透视消失点法的作图步骤。

（1）确定消失点

参照视线法的步骤（1）绘制出左右两个消失点V_1、V_2。（如图4-2-9）

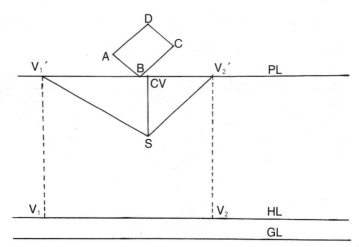

▶ 图4-2-9　消失点法作图步骤一/樊迪　绘

（2）绘制透视平面

作轮廓AD、BC的延长线，分别交画面线PL于迹点A′、C′；由A′、B、C′向下作垂线，将画面线PL上的点A′、B、C′对应到基线GL上，求得对应点a′、b′、c′；由点a′、b′向消失点V_2引透视线，由b′、c′向消失点V_1引透视线；透视线a′V_2、b′V_1、b′V_2、c′V_1分别相交于a″、c″、b″，连接各交点求得透视平面。（如图4-2-10下部）

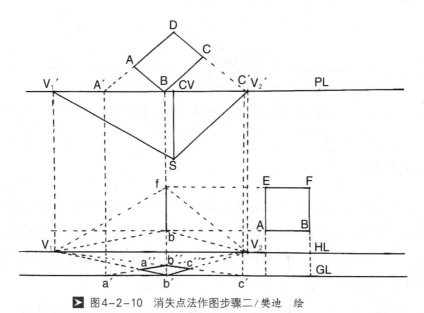

▶ 图4-2-10　消失点法作图步骤二/樊迪　绘

（3）绘制真高线

以Bb′为基准线作垂线，绘制出真高线；将立面置于GL之上，通过高度测线在真高线上绘制长方体的高度fb。（如图4-2-10中部）

（4）绘制透视图形

首先，绘制透视方向线，由真高线的两个端点f、b分别向消失点V_1、V_2引透视线fV_1、fV_2、bV_1、bV_2；

其次，由透视平面图的各交点向上引垂线，分别交透视线fV_1、bV_1于点e、a，交透视线fV_2、bV_2于点g、c；

再次，由点e、a向消失点V_2引透视线eV_2、aV_2，由点g、c向消失点V_1引透视线gV_1、cV_1，两组透视线相交于点h、d；

最后，连接a、b、c、d、e、f、g、h八个点，即可作出完整的长方体的成角透视图。（如图4-2-11）

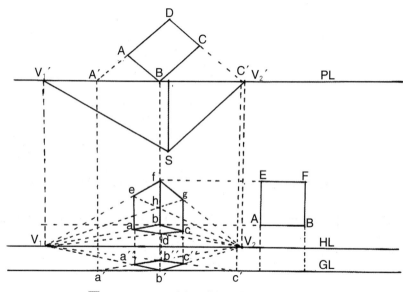

▶ 图4-2-11 消失点法作图步骤三/樊迪 绘

第三节 两点透视在室内空间设计中的运用

|教学引导|

教学重点

本节重点通过案例步骤图详尽讲解两点透视在室内空间中的具体应用，目的是以此加深学生对两点透视的理解和认识，以便更好地掌握两点透视的绘图要点。

教学安排

总学时：2.5学时。分析讨论：0.5学时；学生练习：2学时。

作业任务

绘制卧室两点透视效果图1张。

一、室内空间两点透视画法（以书房为例）

（1）找出视平线及两个消失点，跟一点透视相同，室内总高度定为3000mm，将视平线高度定为800mm。确定地面位置关系。（如图4-3-1）

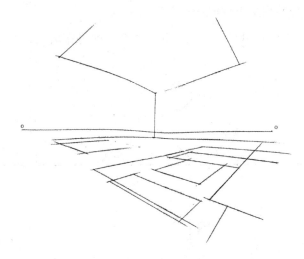

▶ 图4-3-1　书房两点透视作图步骤一/南希　绘

（2）根据人体工程学原理，把握好各家具之间的比例关系，画出墙体及各家具的体块框架。（如图4-3-2）

▶ 图4-3-2　书房两点透视作图步骤二/南希　绘

（3）对空间界面及家具体块进行细部深入刻画。（如图4-3-3）

▶ 图4-3-3 书房两点透视作图步骤三/南希 绘

（4）继续细化，加强视觉中心点的对比关系，画出勾边植物，完善构图。（如图4-3-4）

▶ 图4-3-4 书房两点透视作图步骤四/南希 绘

（5）最后精确刻画细节，处理画面黑白灰关系，最终完成绘图稿。（如图4-3-5）

▶ 图4-3-5　书房两点透视作图步骤五／南希　绘

二、室内空间两点透视作品赏析

▶ 图4-3-6　室内两点透视效果图（1）／常静　绘

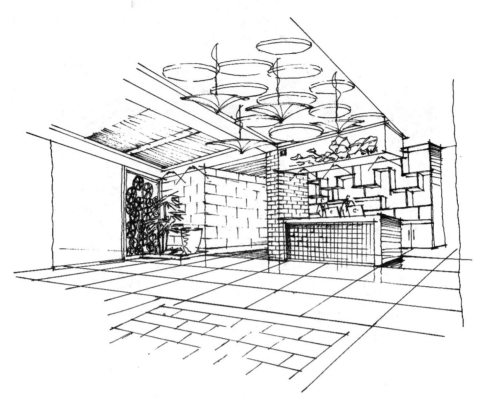

▶ 图4-3-7　室内两点透视效果图（2）/ 樊迪　绘

▶ 图4-3-8　室内两点透视效果图（3）/ 南希　绘

▶ 图4-3-9　室内两点透视效果图（4）/冯家荣　绘

▶ 图4-3-10　室内两点透视效果图（5）/刘玉凤　绘

第五章　室内倾斜透视原理及应用

■ 教学重点

　　本章重点讲解倾斜透视的基础知识，包括倾斜透视的定义与分类、倾斜透视构图的基本特征、倾斜透视的基本画法，并结合设计案例进行倾斜透视的应用分析，以使学生掌握倾斜透视的绘图要点及难点。

■ 教学安排

　　总学时：3学时。理论讲授：0.5学时；范画演示：0.5学时；学生练习：2学时。

■ 作业任务

　　根据各节的具体内容与学时安排进行有针对性的训练，以此加深对所学内容的理解与掌握。

第一节　倾斜透视的基本知识

┃ 教学引导 ┃

教学重点

本节主要讲授倾斜透视的基本知识，从倾斜透视的基本概念入手，由浅及深，重点阐述倾斜透视构图的基本特征。学生通过本节内容的学习，可以掌握倾斜透视的成图原理及规律，并以此指导后续课程的学习。

教学安排

总学时：0.5学时。理论讲授：0.5学时。

作业任务

掌握室内倾斜透视成图原理及规律，自行查找室内相关效果图，并进行倾斜透视的总结分析。

一、倾斜透视的概念

环境艺术设计中，室内方向所涉及的透视两大基本画法包括一点透视与两点透视。然而，在透视的画法表现中，还存在另一种特殊的形式——倾斜透视。这种透视现象，多用于表现大尺度的室内外空间。

1.倾斜透视的定义

倾斜透视，是指立方体本身横向与纵向两面相互垂直，但由于体形过于高大，平视无法观其全貌，用俯视或仰视等方法观察立方体，使其相对于画布，各面及棱线都不平行时，面的边线可以延伸为三个消失点，即可形成效果图表现中常见的三点透视，一般常见于超高层建筑的俯视或仰视图中。

2.倾斜透视的分类

倾斜透视主要分为两大类，即仰视透视与俯视透视。

（1）仰视透视

透视画面与基面不垂直，与方形物体为竖向倾斜关系，视心线与基面不平行，所成角度不等于0°或90°（视心线与基面成角等于90°的为垂直仰视透视），且视心线向上倾斜，即为仰视透视。仰视透视包括平行仰视、成角仰视与垂直仰视三种透视形式。

（2）俯视透视

透视画面与基面不垂直，与方形物体为竖向倾斜关系，视心线与基面不平行，所成角度不等于0°或90°（视心线与基面成角等于90°的为垂直俯视透视），且视心线向下倾斜，即俯视透视。俯视透视包括平行俯视、成角俯视与垂直俯视三种透视形式。（如图5-1-1）

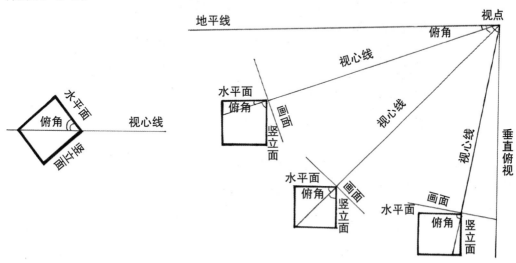

▶ 图5-1-1 倾斜透视中的俯视与仰视/谢杰 绘

注：平视状态下的倾斜透视，画面与基面垂直。

3.斜面透视

透视画面与方形物体为竖向倾斜关系，与其水平放置面为非垂直关系时，产生倾斜透视。斜面透视与倾斜透视的区别在于：

斜面透视物体本身即为倾斜状态，如斜坡、瓦房顶、楼梯等。此类物体由于其各面相对于地面和画面都不平行而发生倾斜，或产生近低远高的面，或产生近高远低的面。该状况常见于室内斜面画法。（如图5-1-2、5-1-3）

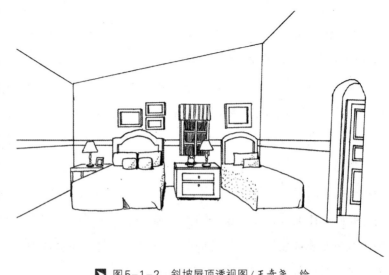

▶ 图5-1-2 斜坡屋顶透视图/王奇尧 绘

▶ 图5-1-3　楼梯透视图／王奇尧　绘

二、倾斜透视画面构图的基本特征

1.倾斜透视画面与平视画面相比，物体的高度为变线，这是倾斜透视画面的突出特征。（如图5-1-4）

2.在倾斜透视画面中，地平线与视心分离。地平线与视心间距越大，其俯视的俯角或仰视的仰角就越大，物体的高度消失点（即第三个消失点）就越接近视心，俯视或仰视的程度就越大。当间距趋于无限大时，地平线在画面以外，物体的高度消失点在视心位置，即变为完全俯视或完全仰视。（如图5-1-4）

3.在倾斜透视画面中，地平线与视心间距越小，其俯视的俯角或仰视的仰角就越小，物体的高度消失点（即第三个消失点）就越远离视心，俯视或仰视的程度就越小。当地平线无限趋近于视心位置时，画面将无限趋近于平视。（如图5-1-4）

4.从总体上看，倾斜透视的俯视画面适合表现较大空间群或开阔的室内空间，有利于减少景物或装饰物的重叠面积，但稳定感弱，动感强烈，纵深感强，纵线压缩较为明显，具有压迫感。（如图5-1-5）

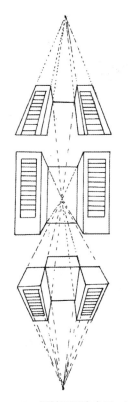

▶ 图5-1-4 倾斜透视演变图/杨麒 绘　　　　▶ 图5-1-5 倾斜透视俯视图/王奇尧 绘

　　5.从总体上看，倾斜透视的仰视画面适合表现较高建筑群体或开阔的室内空间，有利于体现建筑或室内高耸的气势、庄重的威严感与神秘感，向上的动感强烈，纵线压缩明显。（如图5-1-6）

▶ 图5-1-6 倾斜透视仰视图/李田雨 绘

第二节　倾斜透视的基本画法

｜教学引导｜

教学重点

本节在倾斜透视成图原理的基础上，进一步讲解倾斜透视的基本画法，主要包括完全俯视画法、完全仰视画法、成角仰视画法、成角俯视画法四大类。通过实际案例的分析讲解，学生可以熟练掌握倾斜透视的画法及绘图规律。

教学安排

总学时：1学时。范画演示：0.5学时；学生练习：0.5学时。

作业任务

在完全俯视、完全仰视、成角仰视与成角俯视画法中，任选其一绘制室内一角透视效果图。

倾斜透视的基本画法实际上是将平行透视的距点法和成角透视的测点法相结合演变发展而来，主要采用等腰直角相似三角形和相似三角形的原理。

一、完全俯视和完全仰视画法

完全俯视和完全仰视的画法与平行透视画法基本相同，都采用距点法，但角度不同。（如图5-2-1）

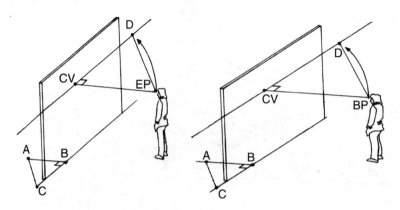

▶ 图5-2-1　倾斜透视距点法示意图/谢杰　绘

完全俯视室内空间垂直向下高度线截取画法：

（1）任意建立一个画面，确定视平线HL，根据需要确定CV点偏移位置，从CV点连接最远角，并且延长1.73R（半径）转动，求得D点。（如图5-2-2）

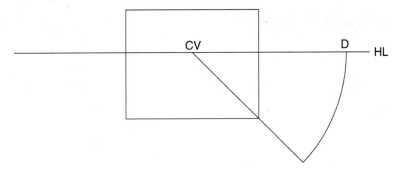

▶ 图5-2-2　完全俯视室内空间绘制步骤一／纪晓静　绘

（2）在画面任意位置设定B点，经过B点水平方向任意设定一个测量单位。根据室内高度要求定出C点，从C点连接距离点D，得到等腰直角三角形ABC，最终截得室内纵深BA=BC。（如图5-2-3）

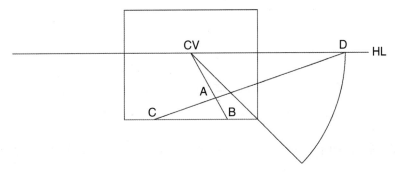

▶ 图5-2-3　完全俯视室内空间绘制步骤二／纪晓静　绘

（3）根据透视缩尺原理，将BC上的测量单位转移至A点的水平线上，根据该刻度画出水平和垂直网络。室内所画物体的长宽根据已经预设的网络尺度定出，确定高度，连接CV，作出直线后，用D点量截。（如图5-2-4）

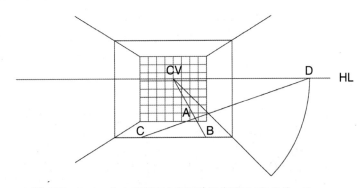

▶ 图5-2-4　完全俯视室内空间绘制步骤三／纪晓静　绘

完全仰视室内空间垂直向上高度线截取画法与完全俯视画法相同，具体绘制方法可参考完全俯视室内空间绘制画法步骤。

二、成角仰视和成角俯视画法

成角仰视立方体具体画法：

（1）建立画面、设定视心点O，求A点。经过O_1点作水平线，得到地平线（仰视，因此地平线在画面下方）。（如图5-2-5）

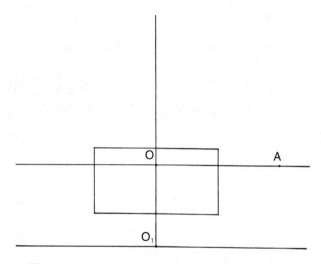

▶ 图5-2-5　成角仰视立方体绘制步骤一／贾卓琦　绘

（2）经过A点向下作30°夹角，与地平线相交于O_1点。（如图5-2-6）

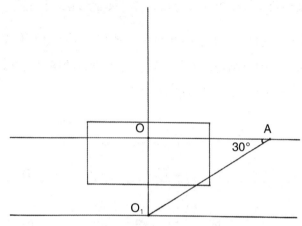

▶ 图5-2-6　成角仰视立方体绘制步骤二／贾卓琦　绘

（3）以O_1为圆心，以O_1A为半径，画弧线得到AO_2点。（如图5-2-7）

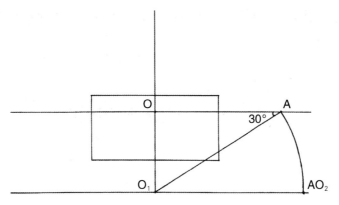

▶ 图5-2-7 成角仰视立方体绘制步骤三/贾卓琦 绘

（4）经过A点，以AO₁为准作90°向上的线找到点P。（如图5-2-8）

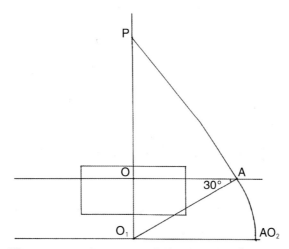

▶ 图5-2-8 成角仰视立方体绘制步骤四/贾卓琦 绘

（5）以P为圆心，以PA为半径画弧线，求得B点。（如图5-2-9）

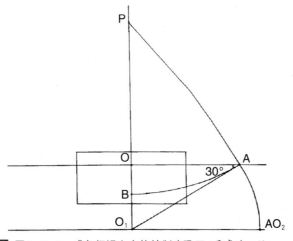

▶ 图5-2-9 成角仰视立方体绘制步骤五/贾卓琦 绘

成角俯视立方体具体画法与成角仰视立方体的画法相同，具体绘制方法可参考成角仰视的画法步骤。

第三节　倾斜透视的应用

│ 教学引导 │

教学重点

本节在讲授倾斜透视的成图原理与基本画法的基础上，结合室内俯视效果图案例进行倾斜透视绘制步骤分析，目的是以此加深学生对倾斜透视绘制要点与步骤的理解与掌握。

教学安排

总学时：1.5学时。学生练习：1.5学时。

作业任务

运用倾斜透视的成图原理与画法，绘制室内俯视透视图1张。

利用三点透视绘制室内空间效果图，要求熟练掌握三点透视的基本原理与相关的画法要求。

步骤一：确定室内透视的视平线与消失点，在此基础上绘制房间三大面（即天花、墙体与地面）的基本框架。（如图5-3-1）

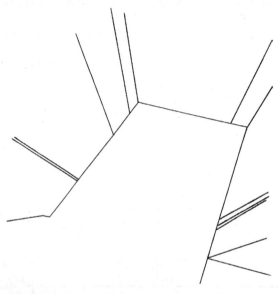

▶ 图5-3-1　室内倾斜透视作图步骤一／曹万里　绘

步骤二：根据前步确定的视平线与灭点，进一步完善房间三大面（即天花、墙体与地面）的框架结构。（如图5-3-2）

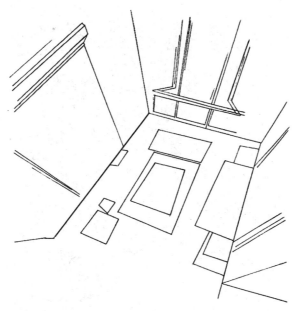

▶ 图5-3-2 室内倾斜透视作图步骤二/曹万里 绘

步骤三：根据视平线与灭点，确定家具轮廓与边界线（注意：俯视状态下部分家具有可能只能观察到一个面）。（如图5-3-3）

▶ 图5-3-3 室内倾斜透视作图步骤三/曹万里 绘

步骤四：在三大面与家具的具体框架之下，深入刻画家具、软装饰或陈设的细部，尽量做到繁简得当，有主有次，重点突出。（如图5-3-4）

▶ 图5-3-4　室内倾斜透视作图步骤四/曹万里　绘

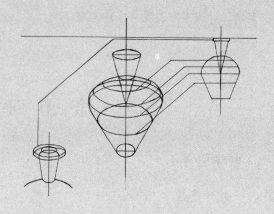

第六章　室内曲线与曲面透视原理及应用

教学引导

■ 教学重点

　　本章以圆柱体、规则曲面体和球体为例，重点对室内曲线与曲面透视基本原理进行讲解，主要包括曲线透视中的不规则平面曲线与规则平面曲线（即圆）的基本透视原理，平面曲线规则性地组合或叠加形成空间曲面体的基本透视原理。通过具有曲线效果的实际室内透视图案例的绘制，学生可以综合掌握曲线与曲面基本原理的应用与画法。

■ 教学安排

　　总学时：3学时。理论讲授：0.5学时；范画演示：0.5学时；学生练习：2学时。

■ 作业任务

　　根据各节考察的具体内容与具体学时进行曲线与曲面透视练习。

第一节　平面曲线透视

│教学引导│

教学重点

本节重点讲解平面曲线透视，其中包括不规则平面曲线与规则平面曲线（即圆）在空间中产生透视的成图原理。通过曲线透视的单体练习，学生可以掌握曲线透视的基本绘图方法。

教学安排

总学时：1学时。理论讲授：0.5学时；学生练习：0.5学时。

作业任务

运用四点法、八点法和十二点法的透视成图规律法则，绘制空间中的圆形单体。

平面曲线分为规则平面曲线与不规则平面曲线两类。

在透视原理中，规则平面曲线即为包括椭圆在内的圆形系列，除此之外，皆为不规则的平面曲线。将平面曲线用直线分割能使平面曲线各部分容纳在直线构成的方形中。先在直线构成的（方形）形状中的平面图上表现出直线与曲线的交点坐标位置，通过透视的基本规律将直线及构成形状画出，定出交点位置，再将曲线分段画出，可得到误差较小的曲线形状，这是平面曲线较为简洁的画法。

一、不规则平面曲线的透视

1.不规则平面曲线的透视特点

（1）平面曲线的透视仍然体现出近大远小的特征，其透视图仍然是曲线。当平面曲线所在的面与视轴重叠、与视平线（平视时为地平线，俯视时为视平线）重叠时，平面曲线为一条直线。

（2）平面曲线不平行于画面时，平面曲线发生近大远小、近疏远密的变化。

（3）平面曲线平行于画面时，平行曲线不发生透视形状变化，保持原状。

2.不规则平面曲线的透视画法

在平面曲线的平面图上，用直线分割的方形网格将平面曲线分割，使平面曲线部分容纳在网格中，网格的大小仍以人的高度作为基本度量单位。根据透视的基本规律，在平行透视、成角透视和倾斜透视等不同的设计构图画面中将网格建立，再把网格中的平面曲线按照分割后的坐标位置近似画出，便可得到平面曲线的透视。（如图6-1-1）

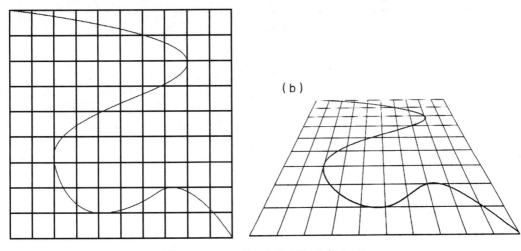

（a）

（b）

▶ 图6-1-1 平面曲线透视/贾卓琦 绘

二、规则平面曲线的透视

1.规则平面曲线——圆的透视特点

（1）在平行透视画面中，圆不发生透视形状变化，保持原状，在保持原状的基础上只发生近大远小的透视变化。

（2）垂直于透视画面的圆的透视形状，在60°视域范围内为标准椭圆形。椭圆形的周边弧度以及宽度，因距离面的消线远近不同而发生变化：椭圆形与圆面的消线在画面上距离越近，椭圆形宽度越窄；与圆面的消线在画面上距离越远，椭圆形宽度越宽。椭圆形的长轴永远大于同方向圆的直径长度。椭圆形与圆面消线在画面上距离越近，长轴与同方向圆的直径在画面上的距离越近，差距越小，反之差距越大。（如图6-1-2、6-1-3、6-1-4）

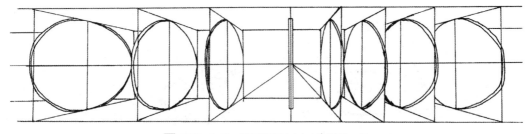

▶ 图6-1-2 椭圆透视（1）/裴思雅 绘

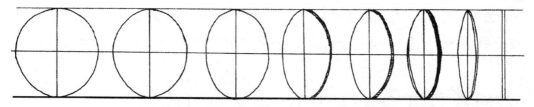

▶ 图6-1-3　椭圆透视（2）/裴思雅　绘

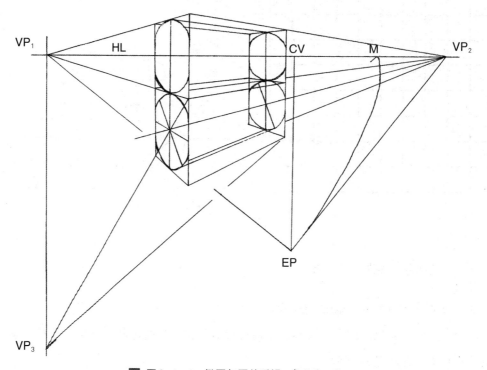

▶ 图6-1-4　椭圆与圆的透视/裴思雅　绘

（3）在60°视域范围外，圆的透视形状会发生变形。通过四点法、八点法和十二点法所作出的透视形状，网格出现透视变形，因而最能体现圆形的透视状况。（如图6-1-5）

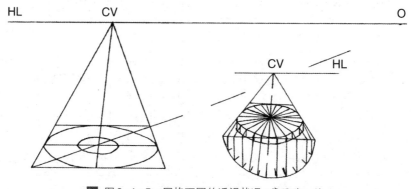

▶ 图6-1-5　网格下圆的透视状况/裴思雅　绘

（4）通过圆心的众多排列均匀的辐线，在圆的透视形状上要表现出不均匀，减小平面感，要存在疏密关系。（如图6-1-5）

（5）同心圆是指在一个平面上圆心相同、直径不同的圆。同心圆圆周之间的宽窄间距本是相等的，但透视状态下则呈现出两端宽、远端窄、近端居中的透视特征。

2. 规则平面曲线——圆的透视画法

（1）用四点法作圆的透视形状（如图6-1-6）

四点法是通过用测点法或距点法作两条相互垂直的直径，确定圆周上的四个点，再用曲线连接四个点，从而获得圆的透视形状的方法。在平行透视中用此方法极为简捷。用四点法作圆的步骤如下：

①作正方形ABCD，EFGH为四条边的中点；

②过DC的中点G向心点连接，得到AB的中点E；

③过CB的中点H向心点连接，得到AB的中点F；

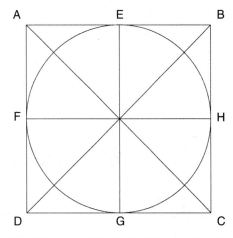

▶ 图6-1-6　圆的四点法透视／纪晓静　绘

④用曲线连接E、F、G、H四个点，得到圆的透视形状。

（2）用八点法作圆的透视形状（如图6-1-7）

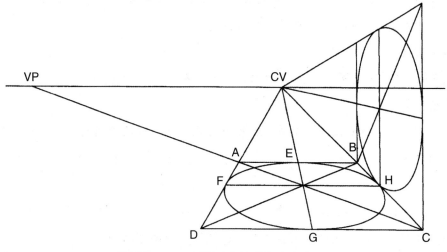

▶ 图6-1-7　圆的八点法透视／纪晓静　绘

（3）用十二点椭圆法作圆的透视形状（如图6-1-8）

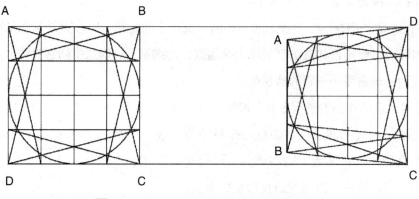

图6-1-8　圆的十二点法透视/纪晓静　绘

第二节　平面曲线组合（叠加）——曲面体透视

┃教学引导┃

教学重点

本节在讲述平面曲线透视的基础上，重点讲解平面曲线组合（叠加）的透视原理，即曲面体透视原理，主要包括圆柱体、规则曲面体和球体在空间中产生透视效果的基本原理。通过多种形式的圆柱体、规则曲面体和球体的单体练习，学生可以掌握平面曲线组合（叠加）透视的绘图方法与绘图要点。

教学安排

总学时：1学时。范画演示：0.5学时；学生练习：0.5学时。

作业任务

运用四点法、八点法和十二点法的透视法则，绘制空间中圆柱体、规则曲面体和球体的透视图。

由平面曲线规则性地组合或叠加而形成的体面，称为曲面体。如圆柱体是由大小相同的圆在中心轴上的叠加、组合，圆柱体任何一个横截面均为圆。球的任何一个截面均为圆，仅仅直径不同，仍可以看作是圆的组合。平面曲线有规则与不规则之分，曲面体也有规则与不规则之分，本节主要讨论的曲面体是圆柱体与球。

一、圆柱体与规则曲面体的透视

1.圆柱体的透视画法

（1）首先，建立圆柱体的中心轴，中心轴的长度为圆柱体的高度。中心轴为原线时，透视方向不发生变化，保持原状，平视时，用视高测高法确定。中心轴为变线时，用转位视点确定偏角与消点，用测点法确定中心轴长度。

（2）选用画圆的几种方法中的一种，建立圆柱体的可见截面和不可见截面。在采用长短轴画圆法近似确定圆的透视形状时，要考虑两个截面距截面消线的画面距离变化而产生的弧面变化与胖瘦变化。一般地说，可见面短轴与长轴的比值要小于不可见面短轴与长轴的比值，即可见短轴/长轴＜不可见面短轴/长轴。

（3）接近长轴的直径为原线，其长轴大小用视高测高法确定，采用长短轴画圆的方法。值得强调的是，截面圆接触放置面的点不在长轴上，而在圆的直径上。在仰视或俯视中中心轴为倾斜线时，可采用长短轴画圆的方法，或采用四点法、八点法、十二点法均可。

（4）圆柱体中心轴方向的轮廓线与中心轴平行。中心轴为原线时，其对应的轮廓为原线，保持原状。中心轴为变线时，其对应的轮廓线消失到同一消点。中心轴方向的轮廓线起始点应是长轴的端点，连接处不要出角。

（5）采用八点法、十二点法作圆柱的透视，等于把圆柱放在四棱柱体内，是在四棱柱体基础上进行的。（如图6-2-1）

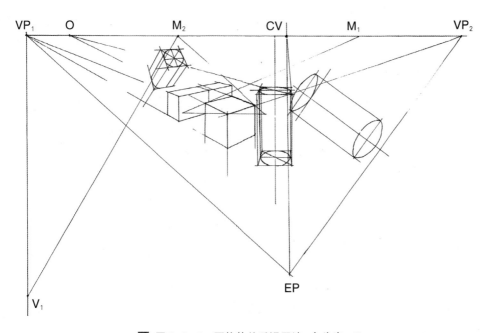

▶ 图6-2-1 圆柱体的透视画法/申荣伟 绘

2.截面为不同圆的规则曲面体的透视画法

同一个中心轴上不同直径的圆称为同轴圆。由同轴圆构成的曲面体常常见到，如花瓶、罐、蝶类的形体。

（1）在表现截面为不同圆的曲面体的透视时，首先要建立曲面体的中心轴，中心轴的长度为曲面体的高度。中心轴为原线时，不发生透视方向的变化，保持原状，平视时，用视高测高法确定。中心轴为变线时，用转位视点确定偏角与消点，用测点法确定中心轴长度，并在中心轴上确定不同直径圆的圆心位置，用测点法分段。

（2）采用画圆方法中的一种，在中心轴的分段点上建立不同直径圆的透视形状，60°视域范围内一般均为椭圆形。在使用长短轴画圆法时，需比较不同直径的同心圆、同轴圆的关系以及与消线的画面距离，来确定各位置上的短轴与长轴的比值变化。

（3）用曲线或直线将各圆的透视形状——椭圆形的长由端点连接起来，便得到曲面体的轮廓，注意连接处不要出角。（如图6-2-2、6-3-3）

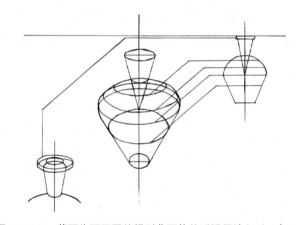

▶ 图6-2-2 截面为不同圆的规则曲面体的透视画法（1）/李田雨 绘

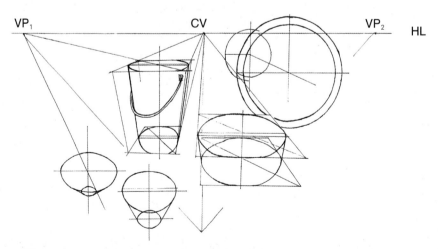

▶ 图6-2-3 截面为不同圆的规则曲面体的透视画法（2）/申荣伟 绘

3.截面为非圆的不规则曲面体的透视画法

截面为非圆的不规则曲面体，常常以局部状态出现，比如说装饰木线、弯拱桥面等。其透视首先要确定平面图上曲线在网格上的坐标位置，再通过网格的透视确定曲线透视形状。通过转位视点确定曲面纵向轮廓线的消点，用测点法确定轮廓的长度，在另一截面上再用网格确定曲线透视形状，便可获得非圆的不规则曲面体的透视形状。（如图6-2-4）

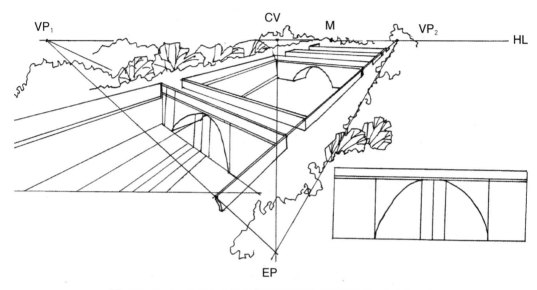

▶ 图6-2-4 截面为非圆的不规则曲面体的透视画法/申荣伟 绘

二、球体的透视

1.球体的透视特点

球相当于直径不同的圆形在中轴上的组合、叠加和旋转。按中心投影作图法对球（包括直径不同的圆）进行透视，会发现只有视心轴线通过球心的球轮廓才是正圆，其余则为椭圆。但如果圆球的位置靠近心点，大约在60°的视角范围内，肉眼很难看出球的轮廓是椭圆，因此，在绘画作品中一般把圆球的透视画成圆形。

2.附着在球体上的圆的透视画法

（1）根据球的透视特点，只有视心轴线通过球心的圆才是正圆，当附着在球上的圆的直径平行于画面时，有几种情况，圆高于视平线或低于视平线，在视平线的左边或右边。（如图6-2-5）

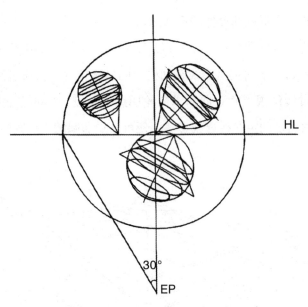

▶ 图6-2-5　附着在球体上的圆的透视画法（1）/李玉田　绘

（2）通过球心的任何截面均为等大的标准圆，直径相等，面积相等。（如图6-2-6）

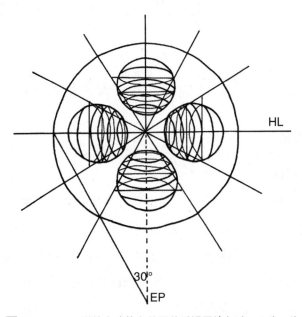

▶ 图6-2-6　附着在球体上的圆的透视画法（2）/王琳　绘

（3）当附着在球体上的圆的直径与画面不平行时，可按以下步骤进行：

①根据灭点定理和假设直径与画面所成的角度，找出任何一个截面，画圆的直径；

②过直径作一垂线，使其与视平线相交于一点，过直径两端引线向这一点消失；

③用任何一种求圆法画出截面图。（如图6-2-7）

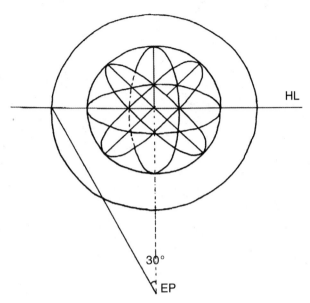

▶ 图6-2-7　附着在球体上的圆的透视画法（3）/王琳　绘

第三节　曲面透视的应用

│教学引导│

教学重点

本节重点在于将平面曲线透视与曲面体透视的原理应用于实践。通过室内曲线与曲面案例的练习，学生能够融会贯通，掌握室内曲面与曲线透视的绘图方法，并进行实际应用。

教学安排

总学时：1学时。学生练习：1学时。

作业任务

运用曲线与曲面透视原则，临摹具有曲面效果的室内透视图1张。

利用曲线与曲面透视的基本原理，绘制室内空间中的各种造型或者曲线建筑，可以熟练掌握曲线透视的应用方法。

步骤一：根据曲线的透视原则，确定室内的视平线及其消失点，在此基础上确定室内三大面，即天花、墙体和地面的基础框架。（如图6-3-1）

▶ 图6-3-1　室内曲线透视作图步骤一/杨麒　绘

　　步骤二：深化室内三大面，即天花、墙体和地面的造型，确定曲线布置的家具边界及轮廓。（如图6-3-2）

▶ 图6-3-2　室内曲线透视作图步骤二/杨麒　绘

步骤三：调整画面整体效果,确定曲线透视准确无误，家具刻画要精细深入。（如图6-3-3）

▶ 图6-3-3 室内曲线透视作图步骤三/杨麒 绘

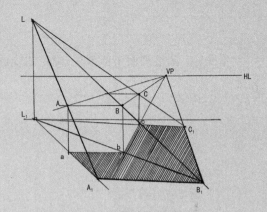

第七章　室内阴影与反影透视及其应用

■ 教学重点

　　本章主要讲述室内阴影透视与反影透视的定义与常用术语、透视规律及制图方法，目的是通过理论知识的讲述，使学生能够从室内空间阴影与反影的实际出发，灵活运用室内阴影与反影透视方法，并进行应用表现。

■ 教学安排

　　总学时：3学时。理论讲授：1学时；范画演示：1学时；学生练习：1学时。

■ 作业任务

　　根据本章所学的阴影透视原理、反影透视原理等相关内容，实物临摹、创作透视图各1张。

第一节　阴影透视

｜教学引导｜

教学重点

本节重点讲解阴影透视成图原理及规律，目的是使学生了解阴影透视的基本概念、形成要素等内容。通过阴影透视原理图例分析，学生可以熟练掌握日光和灯光阴影绘图的方法，为室内效果图细节表现做准备。

教学安排

总学时：1.5学时。理论讲授：0.5学时；范画演示：0.5学时；学生练习：0.5学时。

作业任务

根据本节所学的阴影透视原理相关内容，在A3马克纸上，使用绘图工具，绘制1张几何体在灯光阴影下的透视效果图。

一、阴影透视原理及规律

1.阴影的概念

阴影的产生是物体受到光线照射的结果。在空间中，光线一般是通过光源直线方向照射出去，物体在光线的照射下，直接受光的部分称为亮面，背光部分称为暗面，亮面和暗面之间的分界线通常称为明暗交界线或者是阴线，构成阴线的点称为阴点，阴点的垂线交于基面的点称为阴足。由于被受光物遮挡，物体表面出现的阴暗

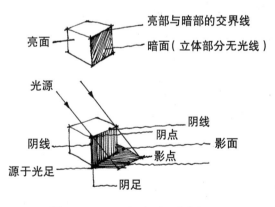

▶ 图7-1-1　阴影图解/董宇轩　绘

部分称为影面（影、影部），影的轮廓线称为影线，影所在的面称为受影面，阴与影合称为阴影。（如图7-1-1）

2.阴影的形成要素

阴影的形成要素包括三个方面：光线、物体和受影面。

（1）光线

光线包括光点和光足。光点表示光源的位置，是光线的灭点，又称光灭点。光足位于光点的垂直下方，阳光的光足在地平线上，灯光的光足在基面上。

（2）物体

物体被光线照射，就会产生阳面（亮面）和阴面（暗面）。光线从光点起，经过物体上各个阴点投射到受影面。

（3）受影面

受影面上的各个点叫影点，把各影点以影线连接起来便成为落影。在落影中，属于影本身的部分要消失在光足上，属于物体的部分要消失在视平线的灭点上。

3.光线与阴影形成规律

光线照射到平面物体上时，其阴影在平面投影面上仍为平面；照射到曲面物体上时，其阴影与曲面的变化一致，照射到斜面投影面上便是斜的，照射到转折物体上的投影也相应地随其物体的转折而转折。

影响阴影形状的因素主要有：受光物体的形状、光源的远近、光源的方位、光源的高低和受影面的形状。（如图7-1-2）

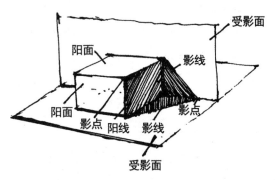

▶ 图7-1-2　阴影图解/董宇轩　绘

室内空间绘制的阴影主要是由于光源远近的不同而造成的。因此，我们把阴影分为日光阴影和灯光阴影。日光源距离远，光线通常为平行状；灯光源距离有限，光线通常为辐射状，这两种光源所产生的规律各不相同。（如图7-1-3）

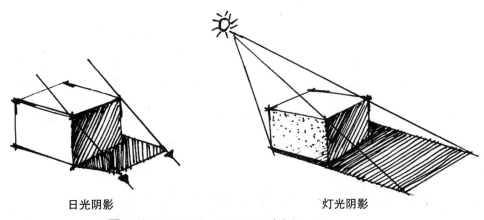

日光阴影　　　　　　　　　　灯光阴影

▶ 图7-1-3　日光、灯光阴影/董宇轩　绘

二、阴影透视作图方法（单体几何体）

1.日光阴影透视作图方法

以单体几何体为例讲述阴影透视作图方法。已知矩形框ABDC水平放置在地面上，AB、CD分别垂直于水平地面，画出该框的阴影。

假设日光光线经过线段顶端A和C两点与地面分别相交，得到两个落影点A_1和C_1。由A_1和C_1引线至线段底端，与地面交于点B和点D，就得到了线段AB和CD的落影。（如图7-1-4）

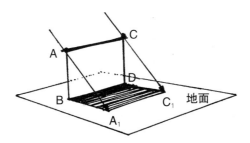

▶ 图7-1-4 日光阴影画法/董宇轩 绘

2.灯光阴影透视作图方法

立方体为平行透视，L是光点，L_1是光足，画出立方体的阴影。

作图方法：由光点L向阴点A、B、C引直线，由光足L_1向阴足a、b、c引直线，交点A_1、B_1、C_1为影点，依次连接各个影点，即是立方体的阴影。（如图7-1-5、7-1-6）

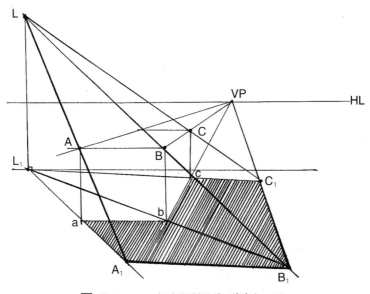

▶ 图7-1-5 灯光阴影画法/董宇轩 绘

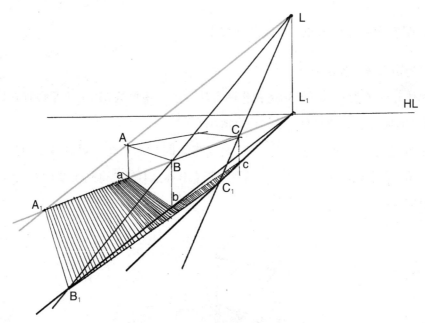

▶ 图7-1-6 灯光阴影画法/董宇轩 绘

第二节 反影透视

|教学引导|

教学重点

本节重点讲授反影透视原理及成图规律，目的是通过讲授使学生对反影透视有所认识与了解，并掌握反影透视制图方法，从而熟练地绘制出反影透视。

教学安排

总学时：1.5学时。理论讲授：0.5学时；范画演示：0.5学时；学生练习：0.5学时。

作业任务

根据本节所学的反影透视原理相关内容，在A3马克纸上，使用绘图工具，绘制1张几何体在垂直镜面前的反影透视效果图。

一、反影透视原理及规律

光滑的物体表面都能反射其他物体，反射出物面的"里面"和"外面"物象大小相似，与此物体位置、方向相反，这样的物面称为反射面。由反射面生成的景物形状称为反影，或称为虚影；水面的反影也称为倒影。这种反射现象在水面、光滑地面、

镜面等处都能看到。（如图7-2-1、7-2-2）

▶ 图7-2-1　室内镜面反影/程新超　摄

▶ 图7-2-2　水面反影/董宇轩　摄

AB为一棵树，树的顶点A投射至光滑面的O点上，并反射到观者眼睛里。垂直的法线CO两侧的D入射角等于E反射角，并且H角与F角相等，视点S经O点到I点，F角等于M角，所以AB=IB，IB是AB的反影。（如图7-2-3）

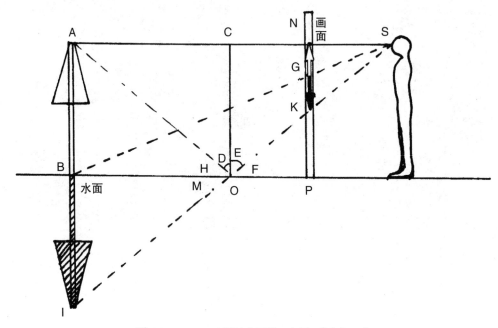

▷ 图7-2-3 反影形成原理示意图/董宇轩 绘

根据反影形成原理可总结出反影原则，即垂直、等距、反方向。垂直是指物体垂直延伸。等距是指物体与虚影（反影）距离、长度相等。反方向是指物体反影的方向与物体相反，如原来树冠在上方，反影图像中的树冠在下方。绘制反影透视图时，要遵守这个原则，并按这七个字的顺序来作图。

二、反影透视作图方法（单体几何体）

反影透视主要包括水平反射面、垂直镜面和倾斜镜面的反影透视。

1.水平反射面的反影透视

水平反射面上的物体与反影是以水面为界，延长物体的垂线，其长度与物体到水面的距离相等，反影与物体从形状上来说基本上是相互颠倒的关系，在透视消失方向上，反影与物体共同消失于同一个消失点。（如图7-2-4）

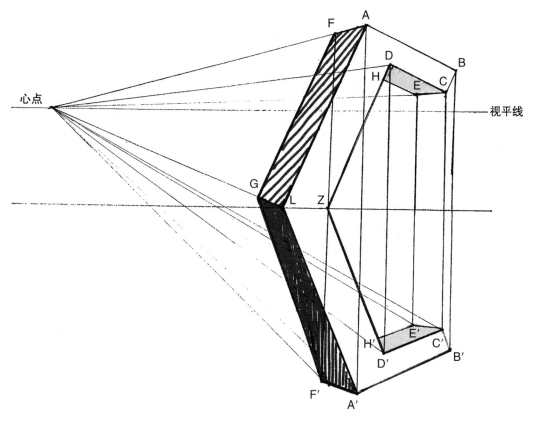

▶ 图7-2-4　水平反射面反影透视画法/董宇轩　绘

2.垂直镜面的反影透视

镜面反射物像是以镜面为界，延长物体的水平线，以反方向对称和平行消失的方法在镜面中作出反影。简单的做法是在已知物体透视的基础上，把物体的高度（或宽度）平移至镜面，并以此为反向对称轴心线，利用其中点作物体与反影的对角线，便可作出镜影的透视。在透视消失方向上，可采用平行透视或成角透视画法。

平行透视画法：

在侧面镜子前（镜面消失到主点CV），放置一垂直于地面的盒子。由B点画水平线经镜面的底边得到O，自O再画水平线与BO的距离相等得到B′，同理得A′（或由B′向上垂直延伸）、D′、C′，然后将A′、B′、D′、C′都引入CV，再从E、H、G点画水平线与之相交得到E′、H′、G′。这时可以注意到，盒子ABGH面（原来看不见）在镜子中反射出来为A′B′G′H′。（如图7-2-5）

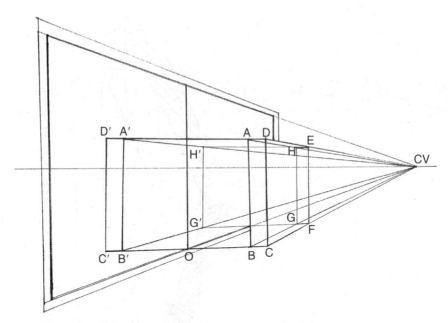

▶ 图7-2-5 垂直镜面平行透视画法/董宇轩 绘

成角透视画法：

在侧面镜子前（镜面消失到V₂），放置一垂直于地面的盒子（盒面消失到V₁）。A、B两个点各引线到V₁后，在镜子底边处得到点O，由O点向上垂直作引线，交AV₁线于O′，再将OO′等分得到I，从A点引线经I到BV₁线上得到B′（从B点引线经I到AV₁线也可）。再由B′向上垂直作引线与AV₁相交得到A′，其余点同理。（如图7-2-6）

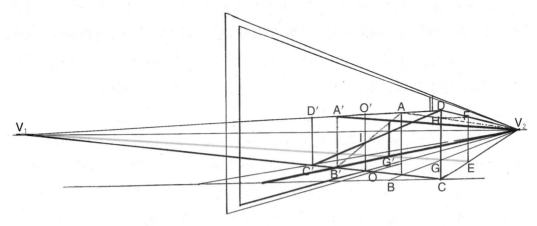

▶ 图7-2-6 垂直镜面成角透视画法/董宇轩 绘

3.倾斜镜面的反影透视

倾斜镜面上的反影透视不同于垂直镜面上的反影透视。因反射面与地面有倾斜角度，反射面中的虚像也就成了倾斜状态，且地面、地面反影与倾斜镜面所成的角度相等。

倾斜镜面上的反影透视作图步骤如下：

（1）根据假定条件，确定平行室内空间、倾斜镜面、方形物体、视平线、灭点等。

（2）延长水平线AB与镜底边线相交于点O，过O点作镜面倾斜边线的平行线（反射面的中心交界线），与BC的延长线相交于I点。

（3）分别过B、C点作垂直于斜线IO的直线，得交点Q、P，并分别延长该直线，量取CP=PH、BQ=QE，EH的延长线也交于点I。

（4）延长OE并量取AB=EF，过F点作HE的平行线，与过H点作的EF的平行线相交于点G，得出方形物体在倾斜镜面上的反影EFGH。

（5）用相同的方法求出方形物体的透视深度，便得出在倾斜镜面上方形物体的反影。（如图7-2-7）

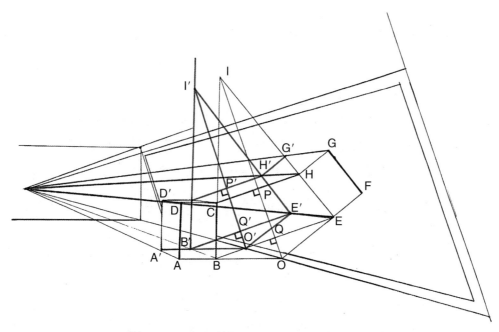

▶ 图7-2-7 倾斜镜面反影透视画法/董宇轩 绘

第八章 室内空间透视与表现实训

教学引导

■ 教学重点

本章通过步骤图演示的教学方法，重点讲授不同性质的室内空间透视表现绘制要点、规律及技巧，目的是使学生在进行临摹及创作的过程中，进一步巩固和强化对透视相关的绘图规律、要点、难点的掌握，以此来提高学生的透视绘图实践应用能力。

■ 教学安排

总学时：30学时。范画演示：2.5学时；分析讨论：2.5学时；学生练习：25学时。

■ 作业任务

根据实训项目内容有针对性地进行室内透视效果图绘制练习。

第一节　居住空间表现

┃教学引导┃

教学重点

本节采用步骤图演示的教学方法，分步骤详解一点透视在居住空间（客厅）中的具体应用，旨在通过项目练习，使学生熟练掌握居住空间透视图的绘制特性及一点透视的绘图要点和规律，为后续透视图绘制打下良好基础。

教学安排

总学时：6学时。范画演示：0.5学时；分析讨论：0.5学时；学生练习：5学时。

作业任务

根据项目案例绘图步骤，在A3马克纸上，使用针管笔等绘图工具，临摹客厅室内透视效果图1张。

客厅一点透视表现

步骤一：用铅笔定好视平线、灭点，然后建立室内空间天蓬、墙面（2面）、地面。（如图8-1-1）

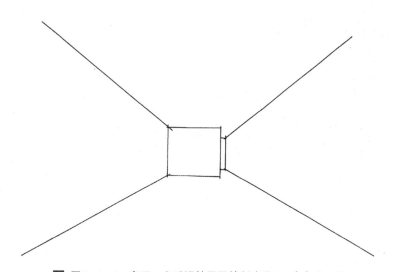

▶ 图8-1-1　客厅一点透视效果图绘制步骤一/裴中兰　绘

步骤二：确定室内空间中全部物体的具体位置，便于看清相互之间的距离和透视关系。（如图8-1-2）

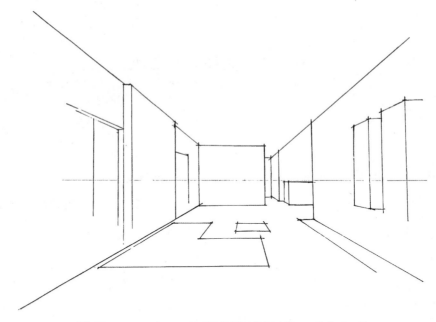

▶ 图8-1-2　客厅一点透视效果图绘制步骤二／裴中兰　绘

步骤三：交代空间和家具的结构，绘制出家具几个较大的转折面，然后绘出画面次要结构。（如图8-1-3）

▶ 图8-1-3　客厅一点透视效果图绘制步骤三／裴中兰　绘

步骤四：在块面结构基础上，对各装饰造型进行细节刻画，绘制出各物体相应的材质与光感，把握画面整体关系。（如图8-1-4）

▶ 图8-1-4 客厅一点透视效果图绘制步骤四/裴中兰 绘

步骤五：细化画面，添加各物体之间的光影关系，强化空间立体感。（如图
8-1-5）

▶ 图8-1-5 客厅一点透视效果图绘制步骤五/裴中兰 绘

第二节　办公空间表现

| 教学引导 |

教学重点

本节采用步骤图演示的教学方法，展示一点斜透视在办公空间（会议室）的具体绘制应用，与前面的透视表现方法形成对比。通过项目练习，学生可以进一步强化对一点斜透视绘图步骤的掌握，牢记一点透视和一点斜透视绘图技巧与规律。

教学安排

总学时：6学时。范画演示：0.5学时；分析讨论：0.5学时；学生练习：5学时。

作业任务

根据项目案例绘图步骤，在A3马克纸上，使用针管笔等绘图工具，临摹会议室空间室内一点斜透视效果图1张。

会议室一点斜透视表现

步骤一：

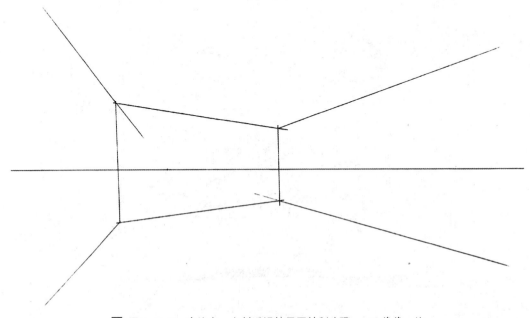

▶ 图8-2-1　会议室一点斜透视效果图绘制步骤一 / 王蓉蓉　绘

步骤二：

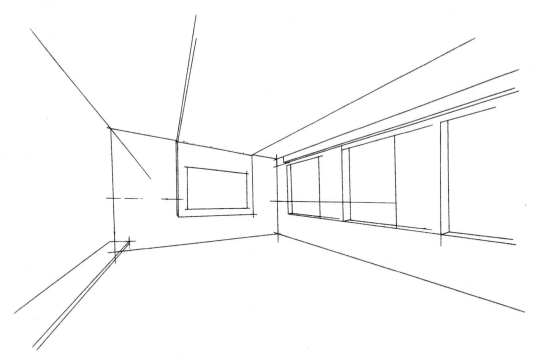

▶ 图8-2-2　会议室一点斜透视效果图绘制步骤二/王蓉蓉　绘

步骤三：

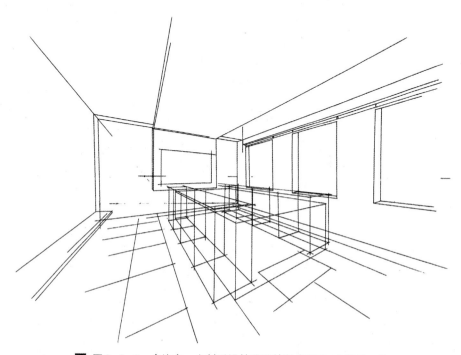

▶ 图8-2-3　会议室一点斜透视效果图绘制步骤三/王蓉蓉　绘

步骤四:

▶ 图8-2-4　会议室一点斜透视效果图绘制步骤四/王蓉蓉　绘

步骤五:

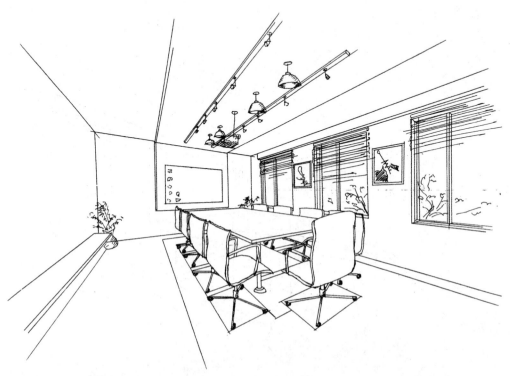

▶ 图8-2-5　会议室一点斜透视效果图绘制步骤五/王蓉蓉　绘

步骤六：

▶ 图8-2-6　会议室一点斜透视效果图绘制步骤六／王蓉蓉　绘

第三节　餐饮空间表现

| 教学引导 |

教学重点

本节采用步骤图演示的教学方法，对餐饮空间（咖啡厅）进行两点透视表现，旨在直观地体现出餐饮空间透视表现的重点与要点，进而使学生准确熟练地掌握其绘图规律。

教学安排

总学时：6学时。范画演示：0.5学时；分析讨论：0.5学时；学生练习：5学时。

作业任务

根据项目案例绘图步骤，在A3马克纸上，使用针管笔等绘图工具，临摹咖啡厅空间室内两点透视效果图1张。

咖啡厅两点透视表现

步骤一：

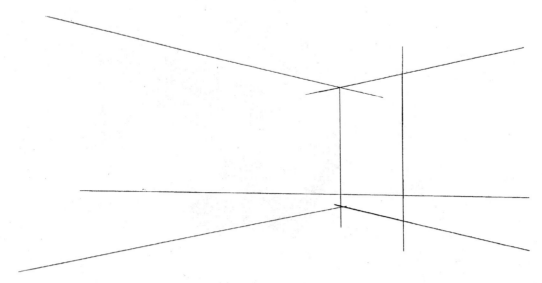

▶ 图8-3-1 咖啡厅两点透视效果图绘制步骤一/李瑞泽 绘

步骤二：

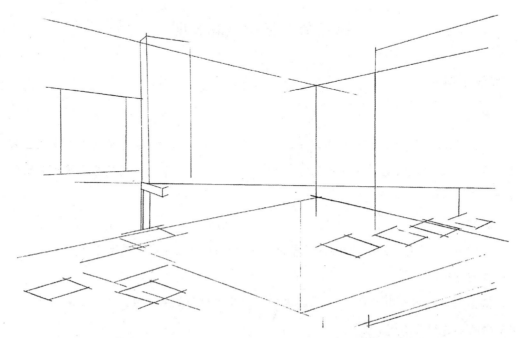

▶ 图8-3-2 咖啡厅两点透视效果图绘制步骤二/李瑞泽 绘

步骤三：

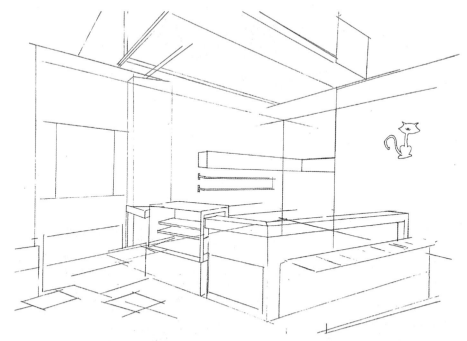

▶ 图8-3-3 咖啡厅两点透视效果图绘制步骤三／李瑞泽 绘

步骤四：

▶ 图8-3-4 咖啡厅两点透视效果图绘制步骤四／李瑞泽 绘

步骤五：

▶ 图8-3-5 咖啡厅两点透视效果图绘制步骤五/李瑞泽 绘

步骤六：

▶ 图8-3-6 咖啡厅两点透视效果图绘制步骤六/李瑞泽 绘

第四节　商业展示空间表现

| **教学引导** |

教学重点

本节按照空间透视步骤图演示的教学方法，重点对商业空间（服装专卖店）进行两点透视表现，旨在强化学生对两点透视绘图方法、绘图要点、绘图规律的认识与掌握。

教学安排

总学时：6学时。范画演示：0.5学时；分析讨论：0.5学时；学生练习：5学时。

作业任务

根据项目案例绘图步骤，在A3马克纸上，使用针管笔等绘图工具，临摹服装专卖店室内两点透视效果图1张。

服装专卖店两点透视表现

步骤一：

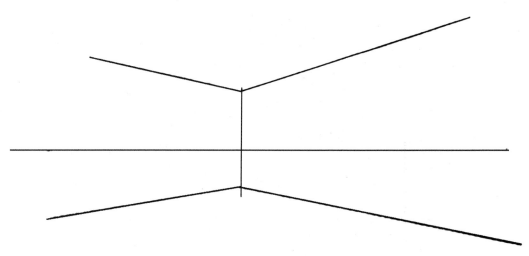

▶ 图8-4-1　服装专卖店室内效果图绘制步骤一/刘玉凤　绘

步骤二：

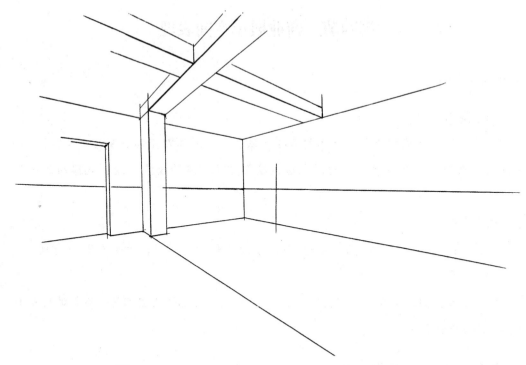

▶ 图8-4-2 服装专卖店室内效果图绘制步骤二/刘玉凤 绘

步骤三：

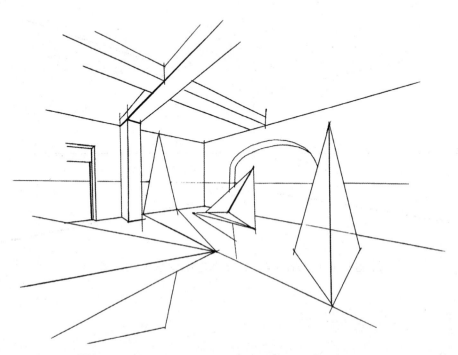

▶ 图8-4-3 服装专卖店室内效果图绘制步骤三/刘玉凤 绘

步骤四：

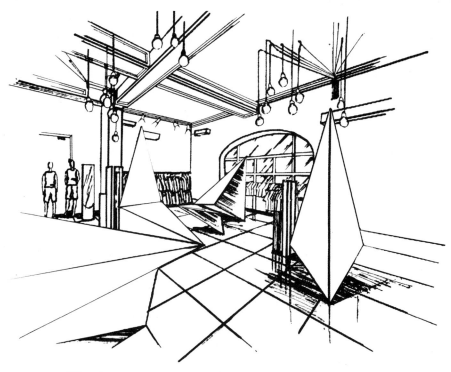

▶ 图8-4-4　服装专卖店室内效果图绘制步骤四/刘玉凤　绘

第五节　娱乐空间表现

| 教学引导 |

教学重点

本节重点是通过对娱乐空间KTV包房两点透视步骤图的学习，使学生掌握娱乐空间的空间特性与透视表现要点，能够准确地与其他性质的空间透视表现进行区分。

教学安排

总学时：6学时。范画演示：0.5学时；分析讨论：0.5学时；学生练习：5学时。

作业任务

根据项目案例绘图步骤，在A3马克纸上，使用针管笔等绘图工具，临摹KTV包房两点透视效果图1张。

KTV包房两点透视表现

步骤一：

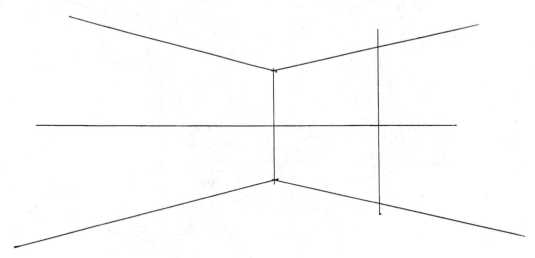

▶ 图8-5-1 KTV包房两点透视效果图绘制步骤一／姜晶醒 绘

步骤二：

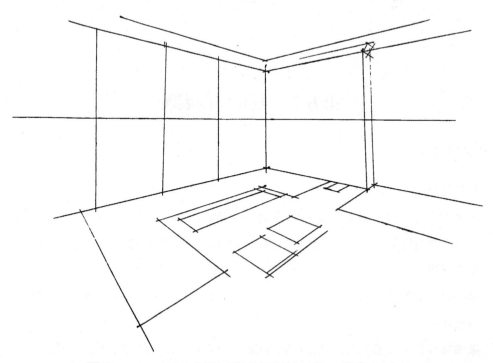

▶ 图8-5-2 KTV包房两点透视效果图绘制步骤二／姜晶醒 绘

步骤三：

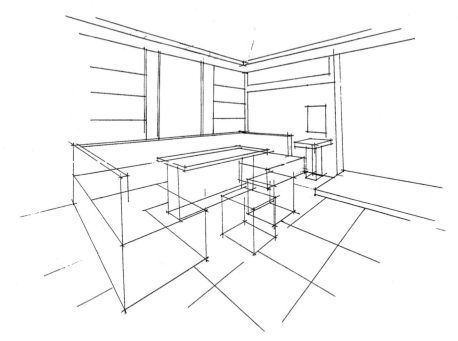

▶ 图8-5-3　KTV包房两点透视效果图绘制步骤三／姜晶醒　绘

步骤四：

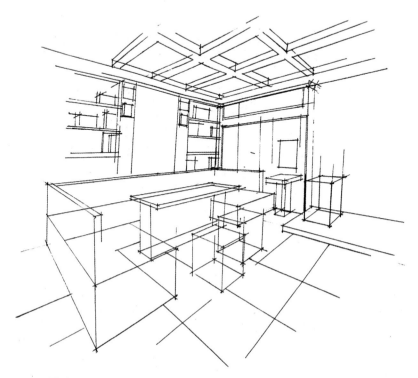

▶ 图8-5-4　KTV包房两点透视效果图绘制步骤四／姜晶醒　绘

步骤五：

▶ 图8-5-5　KTV包房两点透视效果图绘制步骤五/姜晶醒　绘

步骤六：

▶ 图8-5-6　KTV包房两点透视效果图绘制步骤六/姜晶醒　绘

参考文献

［1］殷光宇.透视［M］.杭州：中国美术学院出版社，1999.

［2］靳克群.室内设计透视图画法［M］.天津：天津大学出版社，2003.

［3］陈玲玲.阴影与透视［M］.广州：华南理工大学出版社，2004.

［4］张作斌.透视原理［M］.沈阳：辽宁美术出版社，2005.

［5］白璎.艺术与设计透视学［M］.上海：上海人民美术出版社，2005.

［6］胡虹.室内设计制图与透视表现教程［M］.重庆：西南师范大学出版社，2006.

［7］华勇，张立学，管学理.设计透视［M］.武汉：湖北美术出版社，2007.

［8］刘传宝.简明透视学［M］.北京：人民美术出版社，2008.

［9］孙元山.建筑与室内透视图表现基础［M］.沈阳：辽宁美术出版社，2008.

［10］成文光，阳利华.透视学［M］.哈尔滨：哈尔滨工程大学出版社，2009.

［11］冯阳.设计透视［M］.上海：上海人民美术出版社，2009.

［12］高铁汉，杨翠霞.透视与阴影［M］.沈阳：辽宁美术出版社，2009.

［13］刘国余，赵颖，徐娟芳.设计透视［M］.北京：中国电力出版社，2009.

［14］程子东，李婧.环境艺术设计透视学［M］.长沙：中南大学出版社，2009.

［15］郑晓东，黄斌，周渝.透视学［M］.上海：上海交通大学出版社，2012.

［16］宋涛，陈大军，林常君.透视与制图［M］.北京：北京工业大学出版社，2012.

［17］刘斐.设计透视学［M］.上海：东华大学出版社，2013.

［18］王洋，张平青.街道设施整合化设计与城市旅游形象提升［M］.北京：中国社会科学出版社，2016.

相关网站链接

［1］互动百科网：http://www.baike.com/.

［2］豆瓣网：https://www.douban.com/.

［3］探索与发现网：http://tv.cctv.com/lm/tsfx/.

［4］室内设计联盟：https://www.cool-de.com/.

［5］ABBS建筑论坛：http://www.abbs.com.cn/.